数据分析从入门到实战系列

从数据到 Excel自动化报表

Power Query和Power Pivot实战

黄海剑（大海）◎著

电子工业出版社
Publishing House of Electronics Industry
北京·BEIJING

内 容 简 介

Excel的Power系列功能的神奇，不仅在于它的强大，更在于它的易用性，对大部分普通用户来说，掌握一些可视化的界面操作及基础函数，可以极大提高日常数据处理效率。

本书主要介绍如何将原始数据变为自动化报表，主要内容包括Excel的Power系列功能中的两大核心功能——Power Query和Power Pivot的关键知识点。通过一个个案例，以期让普通的Excel用户能快速掌握Power Query和Power Pivot的核心知识，从而将其有效地应用到实际工作中，提升工作效率。

本书适合具备一定Excel应用基础知识，了解Excel基础函数应用的读者。另外，本书也适合财务、统计、人力资源、客服、售后服务、电商等领域需要处理大量数据的朋友学习。

图书在版编目（CIP）数据

从数据到Excel自动化报表：Power Query和Power Pivot实战 / 黄海剑著. —北京：电子工业出版社，2019.4

（数据分析从入门到实战系列）

ISBN 978-7-121-35681-0

Ⅰ. ①从… Ⅱ. ①黄… Ⅲ. ①表处理软件 Ⅳ.①TP391.13

中国版本图书馆CIP数据核字(2018)第280869号

策划编辑：王　静
责任编辑：牛　勇
印　　刷：北京盛通数码印刷有限公司
装　　订：北京盛通数码印刷有限公司
出版发行：电子工业出版社
　　　　　北京市海淀区万寿路173信箱　　邮编：100036
开　　本：787×980　1/16　　印张：15.75　　字数：353千字
版　　次：2019年4月第1版
印　　次：2025年2月第16次印刷
定　　价：59.00元

凡所购买电子工业出版社图书有缺损问题，请向购买书店调换。若书店售缺，请与本社发行部联系，联系及邮购电话：（010）88254888，88258888。

质量投诉请发邮件至zlts@phei.com.cn，盗版侵权举报请发邮件至dbqq@phei.com.cn。

本书咨询联系方式：010-51260888-819，faq@phei.com.cn。

首先，感谢你在百忙中打开这本书！

如果你愿意继续，那么我们先聊一聊这本书的"三观"。

曾经让人很腰疼、脖子疼的Excel报表自动化问题

以前，在Excel里要实现报表自动化，基本都需要用VBA。虽然VBA是一门相对简单的编程语言，但是对大多数普通的Excel用户来说，学习VBA所需要耗费的时间和精力都是巨大的。

笔者作为一个非计算机专业的普通用户，也曾学过多门编程语言，此前在用Excel进行日常数据处理时，为实现报表自动化也曾使用VBA。在学习和使用编程语言的过程中，深知作为一个Excel普通的用户，掌握一门编程语言所需要经历的煎熬。回想那些写代码的日子，一次次为调试一个程序错误钻研到深夜的情景仍历历在目——真是想想都腰疼、脖子疼。

当然，请不要误解为学VBA没有什么用，对有兴趣、有时间、有精力，或者已有一定编程基础的朋友来说，VBA还是很有用的。

推开Excel Power 系列这扇门，走进一个崭新、美好的世界

自从笔者接触了Excel的Power系列功能，这一切开始发生根本性的改变。

现在，除一些需要与用户做特别交互或非数据性处理（如打印控制等）的工作自动化问题仍通过VBA来完成外（对大部分普通Excel用户来说，这些工作实际上并不是必要的，或者是可以借助外部资源来完成的），对于数据本身的汇总、整理、计算分析，以及完成各种标准化或非标准化报表的编制等，均可以通过Power Query及Power Pivot来实现，真正做到"数据进来，一键刷新"。

Excel的Power系列功能的神奇，不仅在于它的强大，更在于它的易用性，对大部分普

通用户来说，掌握一些可视化的界面操作及基础函数，可以极大提高日常数据处理效率。

同时，由于Power Query对数据处理过程（步骤）及Power Pivot对数据模型的可视化管理，所以用户在处理数据的过程中，可以非常方便地定位和聚焦问题并着手解决，而且，与同事或朋友交流、交接工作、或者向别人咨询某些难点问题的解决方案，都会变得更加容易。

推开Power系列功能这扇门，你就会发现，这真是一个崭新美好的世界。

播下种子，让它苗壮成长

本书内容主要包括Excel的Power系列功能中的两大核心功能——Power Query和Power Pivot的核心知识，通过一个个的案例，以期让普通的Excel用户能快速掌握Power Query和Power Pivot的核心知识，从而将其有效地应用到实际工作中，提升工作效率。

本书对一些需要重点掌握的内容进行较为详细的阐述，比如将"理解Power Query里的数据结构"分成5个部分进行详述；又如将Power Pivot中的"改变筛选上下文"分成3个部分进行举例说明。这些知识点看似简单，却是理解和深入学习Power Query及Power Pivot的核心知识，读者务必要掌握，并且熟练运用。

虽然Excel强大的Power系列功能所包含的知识远不止于本书所述的这些，但是，通过对本书内容的学习，掌握这些基础的知识并学以致用，将会激发读者进一步深入学习Power系列功能乃至微软新一代敏捷商务智能产品Power BI的浓厚兴趣。

核心基础知识和兴趣的种子一旦播下，它一定会苗壮成长。

感谢、感恩，并且深感不足！

首先感谢出版社的认可，以及各位编辑的大力支持！

另外，感谢家人在生活中的照顾和理解，使笔者可以在工作之余仍有时间和精力整理案例，写成本书。

最后，感谢一直关注笔者的公众号、头条号、千聊直播间等的朋友，以及正在读本书的你。是你们的提问、分享、支持和鼓励，使笔者能坚持把Excel的Power系列功能的相关知识写得更加通俗、易懂、完整、接地气。

书中若有不足之处，敬请大家提出宝贵意见和建议，一起学习，共同进步！

"不要急，不要等。"

大 海

目录

第1章
Power Query、Power Pivot与Excel报表自动化

1.1 如何让 Excel 报表自动化

小勤：现在公司里的报表好多，但其中很多都是重复的，比如月报、周报、日报……

大海：为什么不做成自动化的呢？

小勤：自动化？那不是要用 VBA 吗？对公司里的大多数同事来说，哪有那么多精力和能力去学习 VBA 啊？

大海：谁说实现报表自动化就要用 VBA ？

小勤：我也在用函数、数据透视……但公司的报表数据来源太多，比如历史数据都是一堆分散的 Excel 表，每天还有新的数据被放到不同的表里，表的格式又不太一样，不同部门或不同领导还要看不一样的数据……

大海：这些需求都很正常啊，哪家公司的数据不是这样的？虽然现在很多公司的系统都是越来越完善，但是，仍然有大量的外部数据要通过 Excel 等方式来处理，所以，这些需求对绝大部分的公司来说，都是差不多的。

小勤：那怎么办？

大海：下面先看看大多数公司里存在的两种报表类型，一种是数据整理型报表，另一种是数据分析型报表，如图 1-1 所示。

图 1-1 常见报表类型

小勤：数据整理型报表就是将原始数据进行简单的整合、转换格式或筛选数据等就发给别人的报表？

大海：是的，也就是说，对于这些数据通常不需要进行分析，最多就是将全部数据合并

到一起后，按需要增加或删除一些列，剔除一些敏感信息，或者纠正一些信息，进行简单的过滤或分类汇总等操作后就发给别人。

小勤：这种情况是挺多的，很多报表其实并没有进行太多的分析，而且是，这个部门要这样子的，那个部门要其他样子的，所以就得按他们的要求整理出来发给他们。甚至，很多时候其实只相当于帮他们简单地查找数据，但是因为数据不能很快地被整合到一起，这种工作往往也是最枯燥、最耗时、最费力的。

大海：对，数据整理真是一个又苦又累的活儿！下面说一说数据分析型报表。虽然，数据整理是数据分析的前提。但是，与数据整理不太一样的是，数据分析可能涉及大量的计算、数据透视等，而且，很多时候要从不同的维度去观察数据，所以要求报表尽可能做成动态的，可以让使用的人按需要选择不同的维度，从而得到不同的分析结果……

小勤：这就更难了。对一般人来说，能按不同领导的要求，将原始数据通过数据透视表等功能做成不同的汇总表就不错了。当然，也可以通过添加一些切片器来实现维度的选择，但是，数据透视表也有很多时候达不到要求……

大海：所以我们才要学新的东西。

小勤：除了 VBA，还有什么？不是网上那些插件吧？我也用过一些插件，很多功能做得很好用，但也做不到让报表自动化啊！

大海：当然不是，既不是 VBA 那么难学的功能，也不是网上的插件，而是 Excel 的超级强大而又简单易用的新功能——Power Query 和 Power Pivot（或者微软的自助商业智能产品 Power BI）。

小勤：啊？你一下说了这么多个 Power XXX，让人很晕啊。它们到底是什么关系啊？

大海：Power BI 其实是一个独立的软件，个人用是免费的。但 Power BI 跟 Power Query、Power Pivot、Power View、Power Map 等是有关系的。但它们的关系也不是很复杂。你可以先这样简单理解：

- Power Query 是用来做数据查询和转换的。还记得 Excel 里的数据导入功能吗？它可以把数据整合到一起，然后进行各种各样的复杂转换。你可以将 Power Query 理解为它的升级版。
- Power Pivot 是用来做数据建模和数据分析的。还记得 Excel 里的数据透视表吗？你可以将 Power Pivot 理解为它的加强版。
- Power View 是用来做数据展示的。还记得 Excel 里的图表吗？你可以将 Power View 理解为它的整合版。
- Power Map 是专门用来做数据的地图化展示的，这是 Excel 里原来没有的。

小勤：经你这么一解释，Power 系列工作好像也不太复杂。其实还是对数据的整理、分析、展现这些内容，只不过都升级或强化了？

大海：对，可以这么理解。

小勤：那 Power BI 是怎么回事儿？

大海：Power BI 是微软将这四个功能进行了大整合，然后推出的一个独立的工具，如图 1-2 所示。

图 1-2　Excel、Power 系列工具及 Power BI 的关系

小勤：但是，我用 Excel 这么久了，好像没见过这四个功能啊。

大海：的确，目前还很多人不知道这些强大功能的存在。因为在 Excel 的 2010 版和 2013 版中，这些功能有的要到微软官方网站下载插件并安装，而到了 Excel 2016 版，微软直接将它们融合到 Excel 里了，甚至都没有再叫 Power Query 了（Power Pivot 等名称仍有保留，但也需要专门加载到菜单中）。所以，如果你不经常关注 Excel 的新功能或微软的一些新产品，那么可能不知道它们的存在和相互间的关系。

小勤：原来有这么多个 Power 系列工具。但你为什么在介绍报表自动化的时候，强调 Power Query 和 Power Pivot，而不太说 Power View 和 Power Map 呢？

大海：因为报表自动化的核心在于数据的整理和分析，当你学好 Power Query 和 Power Pivot 后，再去按需要制作一些基础的图表或在地图上展示数据时，会发现往往只是一些简单的数据拖曳和属性设置操作而已。另外，图表展示虽然可以归入数据分析范畴，但它是一个相对专业的领域，如果需要深入学习，则需要专门的教材。所以，我重点介绍的是 Power Query 和 Power Pivot。

小勤：那 Power BI 呢？

大海：Power BI 的核心也是 Power Query 和 Power Pivot，学好 Power Query 和 Power Pivot，不仅能在 Excel 里实现报表的自动化，也为以后学习 Power BI 打下良好的基础。在 9.6 节也给出一个 Power BI 的简单例子，这样你就可以很快过渡到 Power BI 的学习了。

小勤：懂了。总之，先把 Power Query 和 Power Pivot 学好再说。

1.2　关于 Power Query 的几个疑问

小勤：在 Excel 2003 或 2007 中能用 Power Query 吗？

大海：不能。

小勤：Power Query 收费吗？

大海：完全免费。

小勤：怎么安装 Power Query？

大海：如果你已经安装了 Excel 2016，那么不需要安装 Power Query；如果你安装的是 Excel 2010 或 Excel 2013，那么需要到微软官网下载插件，然后按提示一步步安装即可。

小勤：安装 Power Query 插件有什么要求？

大海：Window 7 及以上，IE9 及以上。如果是 Excel 2010，注意看是否打了 SP1 补丁（一般都打上了）。

小勤：为什么要学 Power Query？

大海：这个问题和为什么要学 Excel 为什么要学数据透视表的答案是一样的。

- 现在，Power Query 已经是 Excel 里的一项功能，只是由于其从插件演变而来，以及它的功能非常强大，以至于还很多人觉得它像一个额外的东西。
- 通过 Power Query，可以实现大量原来必须通过 VBA 才能实现的报表自动化功能，但相对于 VBA 来说，Power Query 学起来太简单了。
- Power Query 是微软 Power BI 的核心功能，虽然 Power BI 刚被推出短短几年，但其已经占据了敏捷 BI（商业智能）的巨大市场份额。学好 Power Query 对以后过渡到 Power BI 甚至其他的商业智能工具非常有帮助。

小勤：我的 Excel 水平一般，是否合适学 Power Query？

大海：会 Excel 基本操作就能学会 Power Query，因为 Power Query 的大部分基础应用都可以通过鼠标操作来完成的，十分简单易用。所以你并不一定要很精通 Excel 的所有功能才能学 Power Query。

小勤：Power Query 中的功能看起来好像跟 Excel 里的功能差不多，不是重复了吗？而且有的功能操作起来感觉还没有 Excel 里方便。

大海：从单个功能的角度来说，Power Query 里的很多基础功能和 Excel 里的功能的确有相似的地方，有的比 Excel 强大一些，有的可能反而没有 Excel 灵活。但是，所有这些功能都是非常必要的，因为这些功能并不是 Excel 中同样功能的简单替代，而是要使 Power Query 里的功能成为一个体系。这样，以后如果原始数据更新了，只需刷新一下就能自动得到所需要的结果，这也是数据放到 Power Query 里处理和直接在 Excel 里处理的主要差别。

小勤：我看到某些关于 Power Query 的书或文章上都是一堆堆的代码，而且跟 Excel 的公式函数完全不一样，代码又很长，感觉很深奥，我学得会吗？

大海：那是 Power Query 的 M 语言及函数内容，属于高阶内容。刚开始学习时可以先不需要理会，因为：

- 大量的日常难题只需要通过鼠标操作就能完成。
- 再进一步的是，对通过鼠标操作生成的代码进行简单的修改，就能解决绝大部分问题。
- 最后可以按个人需要去学习更高阶的功能。

所以，你完全不需要担心是否学得会 Power Query，只要循序渐进，打好基础，后面逐步深入学习并提升，就可以掌握 Power Query。

1.3　关于 Power Pivot 的几个疑问

小勤：在 Excel 2003 或 2007 中能用 Power Pivot 吗？

大海：和 Power Query 一样，不能用。

小勤：如果是 Excel 2010 或 2013，也要安装 Power Pivot 插件？

大海：在 Excel 2010 中需要单独安装 Power Pivot，在 Excel 2013、2016 的专业增强版或 2019 的全部版本中已经内置了 Power Pivot。Excel 2010 的 Power Pivot 插件下载以及不同版本 Excel 中是否包含 Power Pivot 功能的情况请参考以下超链接：

- 插件下载：https://www.microsoft.com/zh-cn/download/details.aspx?id=7609
- 版本信息：https://support.office.com/zh-cn/article/Where-is-Power-Pivot-aa64e217-4b6e-410b-8337-20b87e1c2a4b

小勤：不是说 Excel 2013 或 2016 专业增强版中包含了 Power Pivot 吗？可我怎么没找到啊？

大海：这个功能默认是没有的，需要加载一下。切换到"开发工具"选项卡，单击"COM加载项"按钮，在弹出的对话框中勾选"Microsoft Power Pivot for Excel"复选框，然后单击"确定"按钮，如图 1-3 所示。

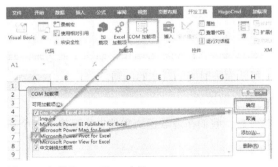

图 1-3　加载 Power Pivot 功能

小勤：原来 Power Map 和 Power View 也都在这里。

大海：对，加载的方法都是一样的。如果你有兴趣，那么也可以学一学。

1.4　用一个例子说明报表自动化的实现过程

小勤：说了那么多，能不能先举一个例子来介绍一下 Power Query 和 Power Pivot 是怎么实现报表自动化的？

大海：好的。下面举一个例子。在这个过程里，有些步骤如果暂时不会操作也没关系，先有一个总体印象，后面深入学习之后再回头看一下就会觉得很简单。

小勤：嗯。

大海：比如下面有这些数据：2015–2017 年，每年有一个 Excel 工作簿，每个工作簿里有一个订单表和一个订单明细表，如图 1–4 所示。

罗斯文贸易公司_订单2015年.xlsx
罗斯文贸易公司_订单2016年.xlsx
罗斯文贸易公司_订单2017年.xlsx
订单
订单明细

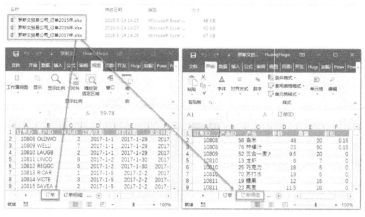

图 1–4　待分析数据

小勤：数据被分成多个文件，每个文件里有多个表的情况真是太常见了，这样每年一个工作簿的还算少的了，很多时候是每个月有一个工作簿，合并它们是一件麻烦的事。

大海：那你以前碰到这种数据合并的问题是怎么办的?

小勤：如果量少就手工复制一下，实在太多的话只能用 VBA 了，但 VBA 用得熟练的人毕竟少啊。从网上找的程序也不能适用于各种情况，比如有些适用于所有工作表都一样的合并，在这里就不适用了。如果找人开发，那就面临时间和成本的问题。

大海：下面看一看用 Power Query 是怎么解决的。

Step 01 为了避免跟原来的数据混在一起，我们在源数据的文件夹外面建了一个新的工作簿，用来专门进行数据处理，如图 1–5 所示。

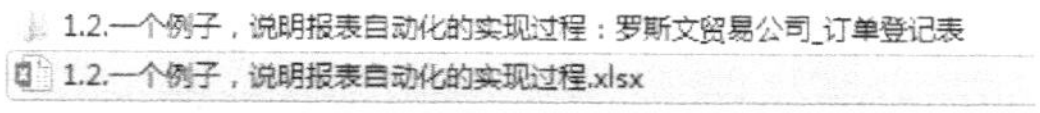

1.2.一个例子，说明报表自动化的实现过程：罗斯文贸易公司_订单登记表
1.2.一个例子，说明报表自动化的实现过程.xlsx

图 1–5　新建工作簿

Step 02 打开新创建的工作簿，切换到“数据”选项卡，单击“新建查询”按钮，在下拉菜单中选择“从文件”命令，继续在下一级菜单中选择“从文件夹”命令，如图 1–6 所示。

Step 03 弹出“文件夹”对话框，单击“浏览”按钮，在弹出的“浏览文件夹”对话框中选择待合并数据所在的文件夹，单击“确定”按钮关闭“浏览文件夹”对话框，继续单击“确定”按钮关闭“文件夹”选择对话框，如图 1–7 所示。

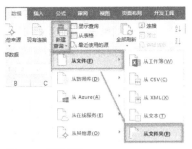

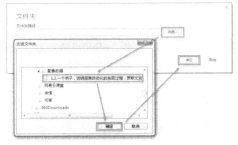

图1-6　新建查询　　　　　　　　　　　　图1-7　选择文件夹

Step 04 此时，该文件夹内的所有文件都将被识别出来。由于每个文件里有不同的表，不能直接合并，因此，在弹出的对话框中单击"编辑"按钮，进入 Power Query 编辑界面，如图1-8所示。

图1-8　预览文件清单

Step 05 在 Power Query（查询编辑器）里可以看到，3 个 Excel 工作簿的信息都被读了进来，包括工作簿的名称、修改时间等。其中，工作簿内的数据在"Content"列里，如图1-9所示。

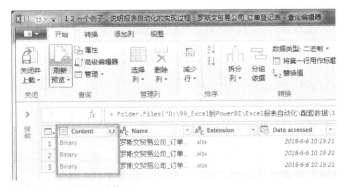

图1-9　文件数据所在位置

Step 06 用 Power Query 里的简单函数 "Excel.Workbook" 将这些工作簿的数据解析出来：在 Power Query 查询编辑器里，切换到 "添加列" 选项卡，单击 "自定义列" 按钮，在弹出的对话框中输入公式 "=Excel.Workbook([Content],true)"（提示，输入时一定要注意区分大小写），然后单击 "确定" 按钮，如图 1–10 所示。

图 1–10　添加自定义列

Step 07 展开工作簿数据：单击上一步骤所添加 "自定义" 列右侧的数据展开按钮，取消勾选 "使用原始列名作为前缀" 复选框，单击 "确定" 按钮，如图 1–11 所示。

Step 08 筛选出需要合并的 "订单" 表：单击 "Item" 列右侧的数据筛选按钮，在弹出的对话框中勾选 "订单" 复选框，单击 "确定" 按钮，如图 1–12 所示。

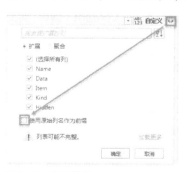

图 1–11　展开数据

图 1–12　选择表数据

Step 09 展开订单表数据：单击 "Data" 列右侧的数据展开按钮，在弹出的对话框中取消勾选 "使用原始列名作为前缀" 复选框，单击 "确定" 按钮，如图 1–13 所示。

Step 10 删除不需要的列：在上一步骤展开数据后，订单表中的所有数据都处于被选中的状态，此时，用鼠标右键单击任一列名位置，在弹出的菜单中选择"删除其他列"命令，如图1-14所示。

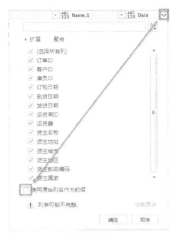

图1-13　展开表数据　　　　　　　　图1-14　删除不需要的列

小勤：这样就把订单表的数据都合并好了？

大海：对啊。

小勤：而且在整个过程中还可以按需要选择工作簿、工作表等。

大海：对，到了这里，如果你只需要把合并的数据发给别人，就可以直接将数据返回Excel里了：切换到"开始"选项卡，单击"关闭并上载"按钮，如图1-15所示。

小勤：这也只是做了一个数据合并啊，怎么就让报表自动化了？

大海：报表自动化的关键是，以后要导入新数据的时候，你不需要再重复做一遍，而是一键刷新就自动得到最新的结果。比如，这里你将数据返回到Excel里了，以后源数据有了新的内容，只需要在Excel里用鼠标右击该结果表的任意位置，在弹出的菜单中选择"刷新"命令，就可以得到最新的数据，如图1-16所示。

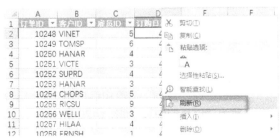

图1-15　关闭并上载数据　　　　　　图1-16　刷新数据

小勤：这个真是太好用了。如果还要进行进一步的处理呢？

大海：在 Power Query 里还可以进行各种处理，比如按需要选择数据、合并、分组等，后面我们再一个功能一个功能地练习。现在我们继续看一下如何进一步实现数据分析类报表的自动化。

小勤：那把订单明细表也整合进来吧，这样才更像一个综合分析。

大海：好。其实订单明细表的整合跟前面订单表的整合方法类似。而且，选择文件夹、解析工作簿数据等步骤是完全一样的。

Step 11 在 Excel 中，切换到"数据"选项卡，单击"显示查询"按钮，在右侧的"工作簿查询"窗口中双击前面步骤创建的查询，如图 1-17 所示，进入 Power Query 界面。

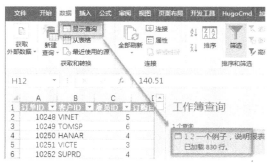

图 1-17　显示查询

Step 12 为方便后面与订单明细表进行区分，在 Power Query 右侧的"查询设置"窗口中，将查询名称修改为"订单表"，如图 1-18 所示。

Step 13 在 Power Query 左侧单击向右展开按钮，显示所有查询，用鼠标右键单击"订单表"，在弹出的菜单中选择"复制"命令（第 2 个），如图 1-19 所示。

图 1-18　设置查询属性　　图 1-19　复制查询

Step 14 在"查询"列表中选中刚复制出来的"订单表（2）"，在右侧查询设置中将其名称修改为"订单明细"，如图 1-20 所示。

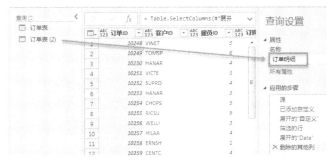

图 1-20　选中查询并修改名称

Step 15 因为订单明细表和订单表的整合过程从筛选步骤开始有差异,所以只要修改"筛选的行"以后的步骤即可。在"查询设置"的"应用的步骤"中,用鼠标右键单击"筛选的行"步骤,在弹出的菜单中选择"删除到末尾"命令,如图 1-21 所示。

Step 16 重新筛选要整合的数据：单击"Item"列右侧的筛选按钮,在弹出的对话框中勾选"订单明细"复选框,单击"确定"按钮,如图 1-22 所示。

图 1-21　删除查询步骤

图 1-22　筛选数据

Step 17 单击"Data"列右侧的数据展开按钮,在弹出的对话框中取消勾选"使用原始列名作为前缀"复选框,单击"确定"按钮,如图 1-23 所示。

Step 18 删除不需要的列：保持展开时订单明细数据列处于被选中状态,用鼠标右键单击任一列名位置,在弹出的菜单中选择"删除其他列"命令,如图 1-24 所示。

小勤：这样把订单明细表整合好了,真是方便啊!

大海：接下来我们看看怎么将两个表的数据结合起来做分析。

小勤：这才是关键啊。如果是在 Excel 里那么操作起来可麻烦了,一般得将订单表里的数据用 VLOOKUP 等函数读到订单明细表里,然后再按需要做筛选、数据透视等,而且,要从订单表里读这么多数据到订单明细表里,那电脑不知道得多"卡"……

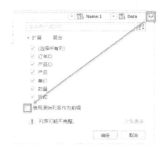

图 1-23　展开表数据　　　　　　　　　　图 1-24　删除其他列

大海：现在我们就用 Power Query 或 Power Pivot 来彻底解决这个问题。首先看看在 Power Query 里怎么将订单表里的数据读到订单明细表里。

Step 19 合并查询：在 Power Query 中，保持选中"订单明细表"查询，切换到"开始"选项卡，单击"合并查询"按钮，在弹出的对话框中选中"订单明细"中的"订单 ID"列，选择"订单表"作为合并来源并选中其中的"订单 ID"列，单击"确定"按钮，如图 1-25 所示。

Step 20 单击"订单表"列右侧的数据展开按钮，在弹出的对话框中取消勾选"使用原始列名作为前缀"复选框(若只需要得到订单表里的部分列，则可以在其中按需选择)，单击"确定"按钮，如图 1-26 所示。

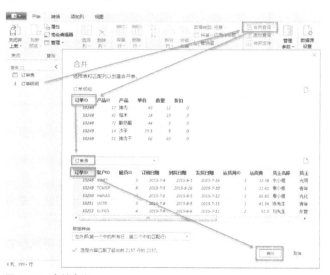

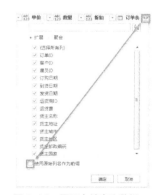

图 1-25　合并查询　　　　　　　　　　　　　图 1-26　展开合并查询数据

小勤：这个操作太方便了，而且速度好快，单击鼠标结果就出来了！

大海：用 Power Query 从一个表中读取数据到另一个表中，既简单又快捷。这个时候，我们的报表自动化又向前推进了一步，即可以从关联的表格中匹配汇总相关数据了。但是，这还属于数据整理的范畴，也就是说，如果某些部门或用户需要你给出这些数据整合的报表，那么你已经达到目的了。同样，导入新数据后，刷新一下就自动得到最新结果了。

小勤：怎样能进一步实现数据分析的自动化？

大海：根据不同的需要，有不同的方法进行数据分析。如果是比较简单的数据汇总、透视等，那么仍然可以直接基于 Power Query 已经合并的数据来进行，就像在 Excel 里将数据从订单表读取到订单明细表后，就可以做数据透视了。但是，如果结合 Power Pivot 来做，那么会更加简单，而且还不需要将一个表的数据读取到另一个表里。

Step 21 为避免混淆，我们在 Power Query 里把合并查询相关的步骤删掉（若保留也不影响后续操作，但会因为订单明细表里有订单表里的所有列而显得重复）：在"订单明细"的"查询设置"的"应用的步骤"中，用鼠标右键单击"合并的查询"步骤，在弹出的菜单中选择"删除到末尾"命令，如图 1-27 所示。

Step 22 调整数据格式（Power Query 和 Power Pivot 对数据格式要求相对严格）：选择"订单明细表"里的"单价""数量""折扣"等列，切换到"转换"选项卡，单击"数据类型"按钮，在弹出的菜单中选择"小数"命令，如图 1-28 所示。

图 1-27　删除查询步骤　　图 1-28　转换数据类型

Step 23 将数据加载到数据模型中：切换到"开始"选项卡，单击"关闭并上载"按钮，在弹出的菜单中选择"关闭并上载至"命令，如图 1-29 所示。

在弹出的对话框中，选择"仅创建连接"单选框（不需要将表的数据直接返回 Excel 中），勾选"将此数据添加到数据模型"复选框，单击"加载"按钮，如图 1-30 所示。

Step 24 将"订单表"也添加到数据模型中：用鼠标右键单击"订单表"查询，在弹出的菜单中选择"加载到"命令，如图 1-31 所示。

在弹出的"加载到"对话框中，选中"仅创建连接"单选框（不需要将表的数据直接返回 Excel 中），勾选"将此数据添加到数据模型"复选框，单击"加载"按钮，如图 1-32 所示。

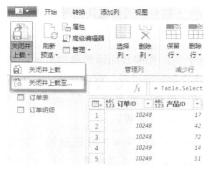

图 1-29 选择"关闭并上载至…"方式

图 1-30 仅创建连接并添加到数据模型

图 1-31 改变查询加载方式

图 1-32 仅创建连接并添加到数据模型

Step 25 在 Excel 中，切换到"Power Pivot"选项卡，单击"管理数据模型"按钮，如图 1-33 所示。

Step 26 在 Power Pivot 中，切换到"主页"选项卡，单击"关系图视图"按钮，将"订单明细"表中的"订单 ID"字段（列）拖曳到"订单表"中的"订单 ID"字段（列）上，如图 1-34 所示。

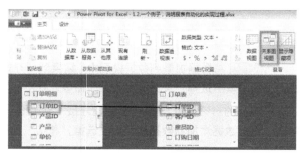

图 1-33 管理数据模型

图 1-34 构建表间关系

这样，两表之间就建立了关联关系，如图 1-35 所示，可以在后续的数据分析中直接调用相关表中的数据了。

图 1-35　建好的表间关系

小勤：就这样拉一根线就可以了？

大海：对。根本不需要从一个表里将数据读到另一个表里。接下来我们做一个简单的数据透视表就能看出效果了。

Step 27　在 Power Pivot 中，切换到"主页"选项卡，单击"数据透视表"按钮，如图 1-36所示。

在弹出的对话框中选中"新工作表"单选框，单击"确定"按钮，如图 1-37 所示。

图 1-36　创建数据透视表

图 1-37　选择数据透视表的创建方式

Step 28　构建数据透视表。比如将"订单表"的"货主地区"字段拖曳至"行"，将"订单明细"表中的"数量"拖曳至"值"，从两个表中导入的数据就直接结合在一起了，并生成了正确的分析结果，如图 1-38 所示。

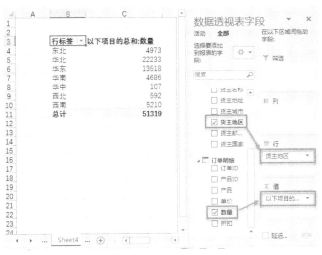

图 1-38　选择数据透视表字段

小勤：这太厉害了！以后再也不用一遍又一遍地从一个表到另一个表来来回回地读数据了。

大海：这个也要看实际情况。有时候就是需要将不同表的数据整理到一起交给别人，那就得在 Power Query 里做合并。但是，如果要做的是分析结果，那就将数据加载到 Power Pivot 里并建立表间的关系，然后直接进行相关的分析。

小勤：对了，这样生成的数据透视表也可以在源数据有更新的情况下一键刷新吗？

大海：对，你可以用鼠标右键单击数据透视表的任意单元格，在弹出的菜单中选择"刷新"命令，如图 1-39 所示。

这时，如果在"显示查询"状态下可以看到数据透视表，则对数据透视表的刷新也会驱动 Power Query 中的查询去刷新以获取最新的数据，如图 1-40 所示。

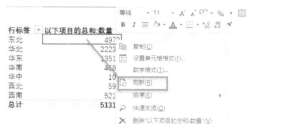

图 1-39 刷新数据透视表

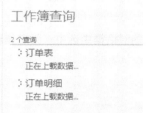

图 1-40 Power Query 查询随数据透视表刷新

小勤：终于大致理解为什么 Power Query 和 Power Pivot 可以让 Excel 普通用户也能轻松实现报表自动化了，直接通过鼠标操作和一些简单的函数就能实现原来必须用 VBA 才能实现的功能，甚至实现起来很困难的功能！

大海：这还只是一个开始。

第2章
Power Query入门

2.1　通过一个例子体会 Power Query 的基础操作

小勤：Power Query 从哪里开始学好呢？

大海：我想，还是从简单的例子开始吧。先通过一个简单的例子体会一下 Power Query 里的基本操作，比如，获取数据、重复列、提取、转换数据格式、替换、分列、删重复行、添加自定义列以及数据上载等。初始数据如图 2-1 所示。

	A	B	C	D	E
1	Segment	类别	尺寸	备注	数量
2	SFD	风口面板	948x1233x25MM	5011699894	3
3	CC1	水口面板	473x1233x25MM	5011699894	3
4	ES2	ES面板:	188x568x25MM	5011699894	3
5	前端面	面板:	283x378x25MM	5011699894	3
6	前端面	面板:	283x378x25MM	5011699894	3
7	左侧面	面板:	283x1233x25MM	5011699894	3
8	顶面	面板:	378x1233x25MM	5011699894	3
9	右侧面	面板:	473x1233x25MM	5011699894	3
10	底面	面板:	568x1043x25MM	5011699894	3
11	底面	面板:	568x1138x25MM	5011699894	3

图 2-1　初始数据

实现要求：

（1）将数据导入 Power Query 中。

（2）将"尺寸"中的长（第 1 个"x"号前的数字）提取到单独一列。

（3）将提取的列命名为"排序参照"。

（4）将提取的长度转换为数值。

（5）去除类型中最后的冒号。

（6）将尺寸分成长、宽、高，并使得相应的内容都成为数值。

（7）提取尺寸的单位作为单独的一列。

（8）删除表中所有重复的内容。

（9）添加自定义面积列。

（10）将结果数据上载到 Excel 中。

小勤：这一下子练习 10 个功能点。

大海：对。我们先来看看每一步怎么操作。

Step 01 数据获取（为初始数据建立查询，从而进入 Power Query 中进行操作。除特别说明外，后续所有案例的数据获取均采用本方法）：选中数据区域内的任意单元格，切换到"数据"选项卡，单击"从表格"按钮，在弹出的"创建表"对话框中，按需要勾选"表包含标题"复选框，单击"确定"按钮，如图 2-2 所示。

Step 02 重复列。因为后续要从尺寸列中提取长度作为一个新列，因此，要先对尺寸列进行"重复列"操作，然后从重复出来的列中进行提取（"提取数据"功能会直接用新的数据替代原来列中的内容，而不产生新的列）。在 Power Query 的"查询编辑器"中，单击"尺寸"列的列名选中该列，切换到"添加列"选项卡，单击"重复列"按钮，如图 2-3 所示。

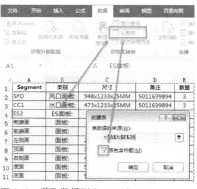

图 2-2　获取数据到 Power Query

图 2-3　重复列

Step 03 按分隔符提取文本：单击"尺寸 – 复制"列的列名选中该列。切换到"转换"选项卡，单击"提取"按钮，在弹出的下拉菜单中选择"分隔符之前的文本"命令。在弹出的对话框中填入分隔符"x"，单击"确定"按钮，如图 2-4 所示。

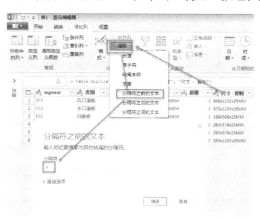

图 2-4　按分隔符提取文本

Step 04 转换数据格式（**Step 03** 中提取的数据结果为文本格式，需要将其转换为数字格式）：单击"尺寸–复制"列的列名选中该列，切换到"转换"选项卡，单击"数据类型"按钮，在下拉菜单中选择"整数"命令，如图 2-5 所示。

Step 05 双击"尺寸–复制"列标题删除原名称，输入"排序参照"后按"Enter"键完成修改，如图 2-6 所示。

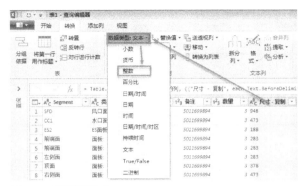

图 2-5　转换数据格式

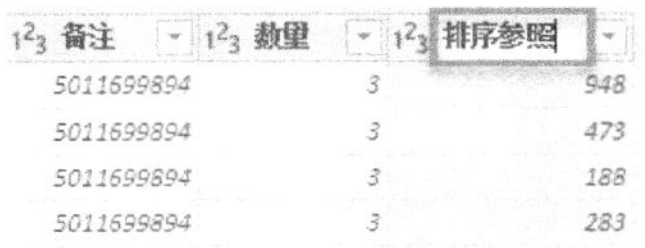

图 2-6　修改列名

Step 06 替换冒号：单击"a"列的列名选中该列，切换到"转换"选项卡，单击"替换值"按钮，弹出一个对话框。在"要查找的值"文本框中输入"："，将"替换为"文本框中留空，单击"确定"按钮，如图 2-7 所示。

Step 07 将尺寸列按字符"x"分列，并分别修改名称为"长""宽""高"：单击"尺寸"列的列名选中该列，切换到"转换"选项卡，单击"拆分列"按钮，在弹出的下拉菜单中选择"按分隔符"命令。在弹出对话框中的"选择或输入分隔符"处选择"—自定义—"，并填入"x"，单击"确定"按钮，如图 2-8 所示。

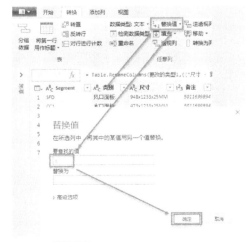

图 2-7　替换数据

图 2-8　按自定义符号分列

分别修改新分出来的 3 列名称，如图 2-9 所示。

Step 08 从将新分出来的"高"列再分列，得到"高"和"单位"，并修改列名：单击"高"列的列名选中该列，切换到"转换"选项卡，单击"拆分列"按钮，在弹出的下拉菜单中选择"按字符数"命令。在弹出的对话框中设置字符数为"2"，勾选"一次，尽可能靠右"单选框，单击"确定"按钮，如图 2-10 所示。

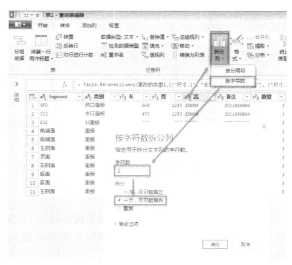

图 2-9　修改列名　　　　　　　图 2-10　按字符靠右分列

将新分出来的列的列名修改为"单位"，如图 2-11 所示。

Step 09 删除重复行：单击数据表第一列的列名，按住 Shift 键单击数据表最后一列的列名，以选中数据表的所有列。切换到"开始"选项卡，单击"删除行"按钮，在下拉菜单中选择"删除重复项"命令，如图 2-12 所示。

图 2-11　修改列名　　　　　　　图 2-12　删除重复行

Step 10 添加自定义列：切换到"添加列"选项卡，单击"自定义列"按钮，在弹出的对话框中修改新列的列名为"底面积"，在"自定义列公式"里输入"=[长]*[宽]"，单击"确定"按钮，如图 2-13 所示。

写公式时，如果需要引用某列，（例如前面的"长"和"宽"），则在右边的"可用列"里双击列名即可以插入。

也可以手工以中括号 [] 内含列名的方式直接输入。但为避免输入错误，建议采用鼠标双击的方式自动插入。

一般来说，基本的四则运算在 Power Query 里都是一样的。但大多时候，在 Power Query 中添加自定义列都会用到 Power Query 的函数或 M 语言的一些表达式，这些函数或表达式和 Excel 中的函数不太一样。但如果读者熟悉 Excel 的基础函数，那也会很快掌握 Power Query 的函数，只是写法有一些差别而已。

添加自定义列后的效果如图 2-14 所示。

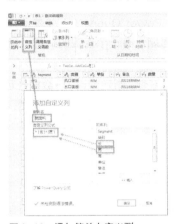

图 2-13　添加简单自定义列

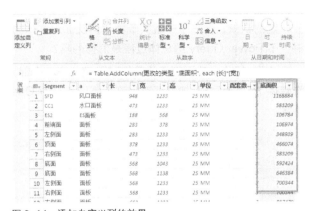

图 2-14　添加自定义列的效果

Step 11 关闭并上载数据（将 Power Query 处理的结果返回 Excel 中。除特别说明，后续所有案例第一步均采用本方法）：切换到"开始"选项卡，单击"关闭并上载"按钮，如图 2-15 所示。

小勤：这些操作看起来都很简单呢。

大海：是的，Power Query 里的基础操作和 Excel 类似，都是一些简单的鼠标操作。了解一部分功能后，自己就可以动手尝试大部分其他功能了。

小勤：那我去看看菜单上的其他功能按钮。

图 2-15　数据上载

　　大海：后面的案例里也会反复应用到各种基础操作。如果提前熟悉，则对后面的内容学习也会有很好的帮助。另外，在看书的同时尽量用数据实际练习一下。

2.2　用 Power Query 处理数据的过程

　　小勤：看了前面 Power Query 基础操作的例子，我对 Power Query 的一些基本操作有了一定的认识，但一下子就实际操作，反而对整体的操作思路没有一个直观的认识，能简单讲一下 Power Query 的总体过程是怎样的吗？

　　大海：好的。前面例子的整体过程可分为 3 个部分：数据获取（新建查询）→数据处理（清洗转换）→上载数据（加载刷新），这就是用 Power Query 完成各项任务的基本过程，如图 2-16 所示。

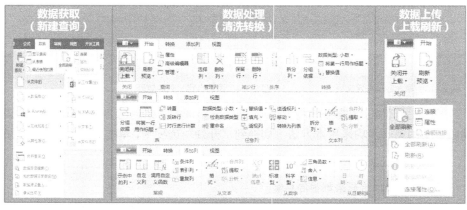

图 2-16　Power Query 的数据处理过程

- 数据获取（新建查询）：将需要处理的数据放入 Power Query 中。
- 数据处理（清洗转换）：对 Power Query 中的数据进行增加、删除、修改、转换、合并、拆分、排序、筛选、透视、逆透视等操作，最终变成自己需要的数据。
- 数据上传（上载刷新）：将 Power Query 中处理好的数据上传（上载）到指定的地方

（Excel 表、数据模型等），在数据源发生改变时，通过刷新自动得到最新的结果数据。

小勤：为什么用 Power Query 这样操作后，当数据源有改变时可以实现自动刷新呢？

大海：这是因为 Power Query 对处理过程进行了记录，这些记录可以在 Power Query 的功能窗口中很方便地查看，并可以按需要对每一步进行修改或调整顺序等。比如前面的那个基础操作的例子，生成的步骤如图 2-17 所示。

图 2-17　Power Query 数据处理过程中生成的步骤

小勤：这个是不是很像一个录制宏的过程？

大海：的确有一点像录制宏的过程，但比录制宏要人性化，而且功能也强大了很多，并对所有步骤进行了可视化管理，而不像宏仅有一堆的代码。

小勤：但代码有代码的好处，如果我学会了 VBA，那代码的灵活性将更好，可扩展性将更强。

大海：对。其实 Power Query 最终也是形成了一系列的代码，也可以根据需要进行更改，但一般情况下，大部分的工作可以直接通过鼠标操作方式来完成。操作步骤和代码之间的对应关系如图 2-18 所示。

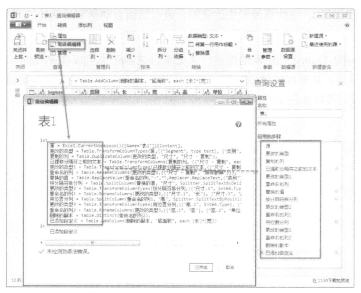

图 2-18　操作步骤及生成代码间的关系

小勤：太棒了！我终于知道 Power Query 的大致工作原理了。

2.3　能 Excel 所不能：解决按最右侧特定字符分列问题

小勤：大海，我遇到一个按最右侧某个符号为标志提取两边数据的问题——为什么 Excel 里的 find 函数不支持从右侧查起啊？写公式好麻烦，比如需要按最右侧的星号（*）将前面的内容和后面的数量分开，如图 2-19 所示。

	待分列的数据	分列后的数据	
	A	B	C
1	商品名称	商品	数量
2	双面抗菌防滑实体菜板大号/L.44*W.30cm*1	双面抗菌防滑实体菜板大号/L.44*W.30cm	1
3	日本制造 创意多功能洗衣盆柔粉色*1	日本制造 创意多功能洗衣盆柔粉色	1
4	日式多功能颈枕 针织款深标条纹*1	日式多功能颈枕 针织款深标条纹	1
5	S/10 软木印花杯垫软木*1	S/10 软木印花杯垫软木	1
6	奢华植鞣头层水牛皮席三件套亮损灰;180*200cm*1	奢华植鞣头层水牛皮席三件套亮损灰;180*200cm	1
7	全棉针织素色床笠1.8M床:180*200*25cm;水蓝*1	全棉针织素色床笠1.8M床：180*200*25cm;水蓝	1
8	素色便捷洗漱包黑色*1	素色便捷洗漱包黑色	1
9	高硼硅玻璃凉水壶1.25L凉水壶 1250ml*1	高硼硅玻璃凉水壶1.25L凉水壶 1250ml	1

图 2-19　待分列效果

大海：这个用 Power Query 来解决就很简单，只要简单分一下列就可以了。

Step 01 重复列：单击"商品名称"列的列名选中该列，切换到"添加列"选项卡，单击"重复列"按钮，如图 2-20 所示。

Step 02 分列：单击"商品名称 – 复制"列的列名选中该列，切换到"转换"选项卡，单击"拆分列"按钮，在下拉菜单中选择"按分隔符"命令。在弹出的对话框中选择"—自定义—"并输入"*"，选中"最右侧的分隔符"单选框，单击"确定"按钮，如图 2-21 所示。

图 2-20　添加重复列

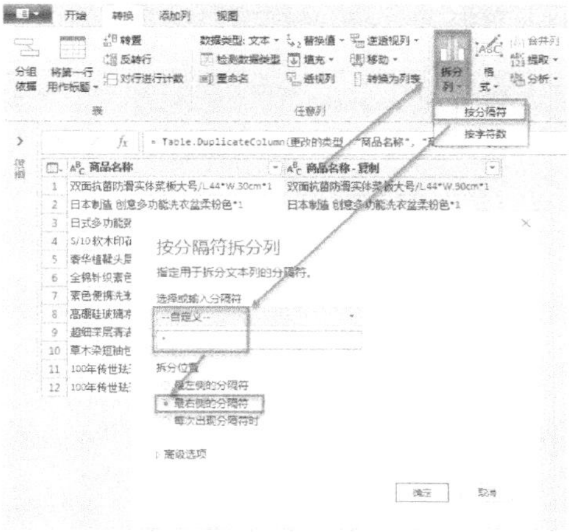

图 2-21　按最右侧特定字符分列

小勤：这真是太简单了。Power Query 里的分列竟然直接支持按最右侧字符分列！

大海：是啊。在 Power Query 里处理这种问题时，核心操作其实只有一步。有很多在 Excel 中比较难完成的数据处理功能，在 Power Query 里却非常简单。当然，也有一些在 Excel 中比较容易实现的功能，在 Power Query 里会比较麻烦。所以，如果熟练掌握了 Power Query 的基础功能，那你就会慢慢知道怎样根据实际需要选择不同的方法了。

2.4　自动整合外部数据源：Excel 不再是自己玩

小勤：我们要分析的数据有些在 Excel 表里，还有些在数据库里，甚至有些需要从网站中复制出来，用 Power Query 能将这些数据自动整合在一起吗？

大海：当然可以。而且比以前 Excel 里导入外部数据的方式更加自动和强大。

小勤：那怎么做呢？

大海：非常简单，而且方法都类似。在 Power Query 中，切换到"数据"选项卡，单击"新建查询"按钮，在下拉菜单中选择"从文件"→"从数据库"命令，可以看到，Power Query 支持从各类常用数据源导入数据，如图 2-22 所示。

小勤：Power Query 既能从 Excel 文件导入数据，还能从文件夹、数据库、在线服务数据等导入数据，真是太厉害了。

大海：除此之外，还能直接导入一些网站的数据并和自己的数据进行整合及分析。

小勤：那太好了，我经常需要从一些财经网站中复制一些市场情况数据，比如股市情况数据等，每次做相关分析时都得重新到网站上复制数据，整理后再做分析，可麻烦了。

大海：用 Power Query 就可以直接从那个网站导入数据，和自己的数据结合起来分析，而且，当你想用最新的数据进行分析时，刷新一下就可以了。

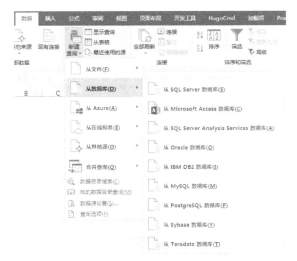

图 2-22　Power Query 支持的各类数据源

小勤：这真是太自动化了，具体怎么做呢？

大海：比如，下面以某个网站的数据来看一下具体是怎么做的（数据所在链接地址：http://101.132.130.88/Report/excel-powerbi-web-data/hs_1.htm），如图 2-23 所示。

备注：该数据为某个历史时点的沪深 A 股部分数据，仅供学习测试使用。网站的 IP 地址、域名、网页设计等可能会发生变化，如果在练习过程中发现本例中所提供的网址不可用，请关注微信公众号“Excel 到 PowerBI”获取最新可用链接。

代码	简称	最新价	涨跌幅	涨跌额	5分钟涨幅	成交量(手)	成交额(万元)	换手率	振幅	量比	委比	市盈率
000001	平安银行	8.83	2.78%	0.24	0.00%	1140492.31	100865.88	0.66%	4.51%	1.14	0.47	6.13
000002	万 科A	23.85	1.66%	0.39	0.08%	384228.40	91684.54	0.40%	3.20%	1.13	0.45	94.64
000004	国农科技	19.06	1.55%	0.29	0.00%	5624.00	1077.75	0.68%	8.79%	1.50	-0.24	--
000005	世纪星源	2.89	2.12%	0.06	0.00%	32711.13	940.35	0.34%	2.47%	1.10	0.16	--
000006	深振业A	5.47	2.82%	0.15	0.18%	79733.51	4343.47	0.59%	3.76%	0.78	-0.29	17.78
000007	全新好	13.55	0.22%	0.03	0.07%	12550.50	1697.47	0.41%	2.07%	1.20	0.21	4234.38
000008	神州高铁	4.96	0.00%	0.00	0.00%	0.00	0.00	0.00%	0.00%	0.00	0.00	372.37
000009	中国宝安	4.90	2.30%	0.11	0.00%	125590.01	6114.96	0.59%	2.92%	1.14	-0.61	78.68
000010	美丽生态	4.53	8.63%	0.36	-0.88%	174078.55	7588.61	3.33%	8.39%	1.45	-0.71	--
000011	深物业A	10.27	2.39%	0.24	-0.10%	23620.00	2416.87	1.34%	3.29%	0.79	-0.26	5.07
000012	南 玻A	4.89	2.95%	0.14	0.41%	70403.73	3422.92	0.41%	3.16%	1.07	-0.46	14.91
000014	沙河股份	12.60	1.61%	0.20	-0.08%	102256.01	12890.90	5.07%	3.71%	0.74	0.73	--
000016	深康佳A	5.14	3.42%	0.17	0.00%	136852.23	7062.78	0.86%	7.65%	1.17	0.10	117.89
000017	深中华A	4.22	0.48%	0.02	-0.24%	30252.01	1274.10	1.00%	2.62%	1.31	0.07	2705.13
000018	神州长城	3.23	3.19%	0.10	0.00%	208848.79	6680.84	2.77%	3.83%	0.94	-0.14	13.85
000019	深深宝A	9.86	2.07%	0.20	0.00%	179029.70	17648.60	4.30%	3.62%	0.68	-0.17	--
000020	深华发A	12.91	3.12%	0.39	0.23%	12958.00	1660.69	0.72%	3.67%	0.65	0.02	2166.11
000021	深科技	6.86	2.85%	0.19	0.00%	118509.00	8101.81	0.81%	3.45%	1.19	-0.19	21.82
000022	深赤湾A	19.31	-0.05%	-0.01	-0.10%	66448.21	12827.35	1.43%	5.64%	1.58	-0.34	22.42

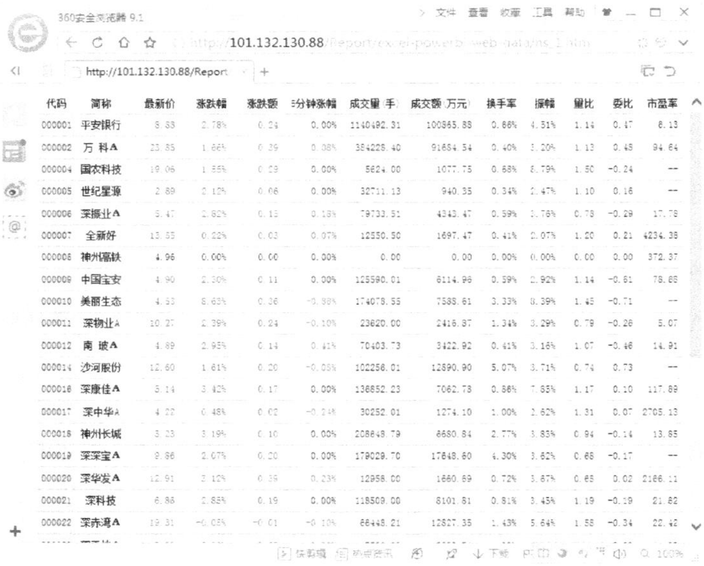

图 2-23　网站数据示例

接下来使用 Power Query 直接把这个网页里的数据导入 Excel 里，操作非常简单。

`Step 01` 在 Excel 里切换到"数据"选项卡，单击"新建查询"按钮，在下拉菜单中选择"从其他源"→"自网站"命令，如图 2-24 所示。

`Step 02` 在弹出的对话框中输入网址，然后单击"确定"按钮，如图 2-25 所示。

图 2-24　从网站新建查询　　　　　图 2-25　输入网址信息

`Step 03` 稍等片刻，在弹出的对话框里的"Table 0"表里出现该网页的预览数据。选中"Table 0"表，单击"编辑"按钮，如图 2-26 所示。

图 2-26　预览网站数据表

`Step 04` 更改数据类型：可以看到 Power Query 默认地将代码转成了整数，导致前面的"0"都丢失了，所以需要改回来。选中"代码"列，切换到"转换"选项卡，单击"数据类型"按钮，在弹出的菜单中选择"文本"命令，如图 2-27 所示。

在弹出的对话框中，单击"替换当前转换"按钮，如图 2-28 所示。

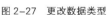

图 2-27　更改数据类型　　　　　　图 2-28　替换当前转换

注意：不能单击"添加新步骤"按钮。因为，Power Query 里默认生成的"更改类型"步骤里已经把文本转成了整数，那些"0"都已经丢失了，如果再增加步骤，则即使能将数据转换成文本格式，但那些"0"也变不回来了。

Step 05 按需要继续调整数据。调整完毕后，可上载数据到 Excel 中，或结合其他数据进行分析。此处先将数据返回 Excel：切换到"开始"选项卡，单击"关闭并上载"按钮，如图 2-29 所示。

这样在 Excel 里就接入了该网页的数据，当我们想看最新数据时，只要刷新一下就可以了：选中表中任意位置，切换到"数据"选项卡，单击"全部刷新"按钮（如果工作簿中有多个查询结果，则也可以按需要分别刷新），如图 2-30 所示。

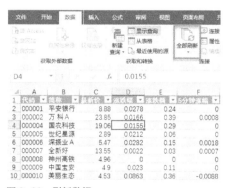

图 2-29　关闭并上载数据　　　　　　图 2-30　刷新数据

小勤：太厉害了，原来 Power Query 不光可以整合 Excel 的数据，还可以整合各类数据库中的数据，甚至网络中的数据。

大海：对。而且入口都比较简单，除专业数据可能需要向相关的 IT 人员索要 IP 地址、用户名、密码和数据库名称外，其他各种数据的导入操作都非常简单，都是通过简单的鼠标操作并填入一些必要的信息即可。

小勤：嗯。有需要时再试都不迟。

2.5　重复记录提取：快速解决提取顾客最后消费记录的难题

小勤：大海，为提高顾客的体验，公司现在要求，除将顾客的所有消费记录提出来外，还要将顾客的最后一次消费记录提取出来，发给现场的销售人员，方便他们提供更好的服务。

大海：厉害，都开始有这么高级的服务了。

小勤：是啊，但我就惨了，每天数据都在增加，每天都要制作报表……

大海：对于这个问题啊，以前有些"大神"专门研究过，还写过不少公式，提取最后消费客户的公式如图 2-31 所示。提取最后消费金额的公式如图 2-32 所示。

图 2-31　提取最后消费客户的公式

小勤：这么复杂啊！

大海：这个公式的复杂程度其实不算大问题，更麻烦的是，当这个公式涉及的数据量非常大时计算过程会很卡。

	A	B	C	D	E	F	G
1	账单号	姓名	消费金额		姓名	最后消费(1)	最后消费(2)
2	1	张三	5	2	张三	7	7
3	2	李四	3	0	李四	1	1
4	3	张三	7	0	王五	5	5
5	4	王五	4	5	赵六	2	2
6	5	赵六	2	6		0	0
7	6	王五	5			0	0
8	7	李四	1			0	0

`F2    {=INDEX(C:C,MAX((E2=B:B)*ROW(B:B)))}`

图 2-32　提取最后消费金额的公式

小勤：那怎么办好呢？

大海：现在有 Power Query，很快可以解决这个问题。将数据导入 Power Query 中后，可按如下方法操作。

Step 01 反转行：切换到"转换"选项卡，单击"反转行"按钮，如图 2-33 所示。

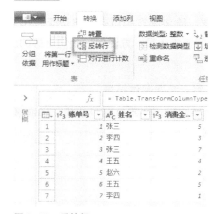

图 2-33　反转行

Step 02 对"姓名"列删除重复项：单击"姓名"列的列名选中该列，切换到"开始"选项卡，单击"删除行"按钮，在下拉菜单中选择"删除重复项"命令，如图 2-34 所示。

Step 03 再次反转行（如不需要保持原数据顺序，则此步骤可省略）：切换到"转换"选项卡，单击"反转行"按钮，如图 2-35 所示。

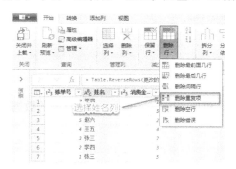

图 2-34　删除重复项

图 2-35　再次反转行

小勤：这就完成了！真厉害！只要单击两下鼠标就好了！

大海：而且，以后如果有新订单数据，则刷新一下就好了。

小勤：这太好了，要不能这样的话，公司要真靠数据来提升服务水平可太难了。

大海：的确，服务提升必须要有最新的数据来保证，这就是快速（敏捷）数据分析的价值。

第3章 Power Query操作进阶

3.1 数据转置，有一个需要注意的地方

小勤：在 Power Query 里有数据转置功能吗？在很多情况下都要用这个功能。

大海：当然有，不过在操作上跟 Excel 里的“复制再选择性粘贴”方式不太一样——在 Power Query 里就是一个按钮。在 Power Query 里使用该功能时有一个需要注意的地方。

小勤：啊？

大海：咱们还是用实际的例子来说明吧，如图 3-1 所示。

要实现的转置结果如图 3-2 所示。

Segment	长	宽	高
SFD	948	1233	25
CC1	473	1233	25
ES2	188	568	25
前端面	283	378	25
左侧面	283	1233	25
顶面	378	1233	25
右侧面	473	1233	25

图 3-1　待转置数据

Segment	SFD	CC1	ES2	前端面	左侧面	顶面	右侧面
长	948	473	188	283	283	378	473
宽	1233	1233	568	378	1233	1233	1233
高	25	25	25	25	25	25	25

图 3-2　要实现的转置结果

首先进行直接转置操作，看看会存在什么问题：以“从表格”方式获取数据到 Power Query 中，切换到“转换”选项卡，单击“转置”按钮，结果对比如图 3-3 所示。

通过对比转置前后的数据可发现：对数据进行直接转置后，原来的列名丢失了！

小勤：啊！一般来说我们是希望列名能保留下来的。

大海：对。这就是在 Power Query 里使用转置功能需要注意的一个地方。如果要保留列名，则要先做一下处理：将原来的标题级别降下来。

接着前面的操作，在 Power Query 窗口右侧“查询设置”的“应用的步骤”中，单击“转置表”前的“删除”按钮删除该操作，如图 3-4 所示。

在删除转置操作后，数据回到刚被获取到 Power Query 时的状态。

切换到“开始”选项卡，单击“将第一行用作标题”按钮，在下拉菜单中选择“使用表头作为首行”命令，如图 3-5 所示。

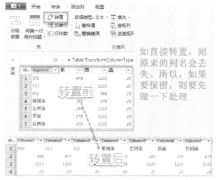

图 3-3　转置操作及前后结果对比　　　　图 3-4　删除操作步骤

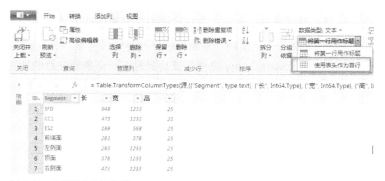

图 3-5　使用表头作为首行

可以看到标题行已被降级,切换到"转换"选项卡,单击"转置"按钮,如图 3-6 所示。

图 3-6　数据转置操作

　　这时候,转置后的数据包含了原表中的行、列标题。但一般情况下,会要求原表中的第一列作为新表的行标题,所以,可以再切换到"开始"选项卡,单击"将第一行用作标题"按钮,如图 3-7 所示。

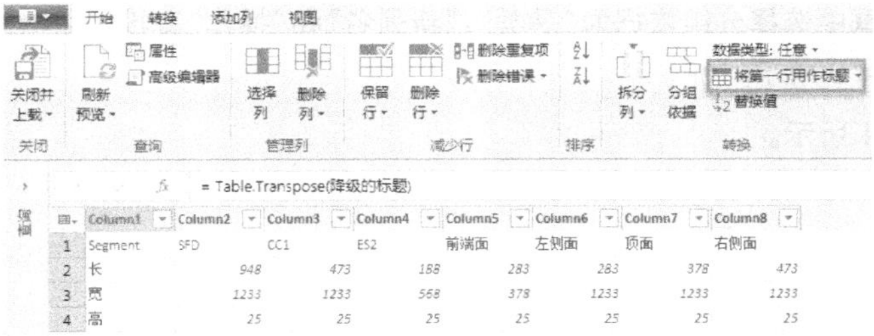

图 3-7　提升第一行为标题行（表头）

然后将已转置好的数据上载。

小勤：了解了，以后在 Power Query 里做数据转置时要注意这个小问题。

3.2　分组依据："分类汇总"的利器

小勤：Power Query 里怎么做"分类汇总"？

大海：分类汇总？你说的是像 Excel 里的分类汇总功能？

小勤：对的。如对数据先进行排序，然后再做分类汇总。

大海：从数据分析的角度来看，分类汇总后，汇总数据和明细数据是混合在一起的，有点儿"拖泥带水"的感觉，会在一定程度上破坏数据源表的结构，给后续数据分析造成一定的障碍。所以，其实我并不建议使用这个功能。在 Power Query 里有个类似的功能——"分组依据"，其在数据处理过程中非常有用。下面通过一个简单的例子来学习这个功能，以后还要用更多案例来加以巩固。案例的数据源如图 3-8 所示。

先来看看汇总到"品类"的情况。

Step 01 以"从表格"的方式获取数据到 Power Query 中，切换到"转换"选项卡，单击"分组依据"按钮，如图 3-9 所示。

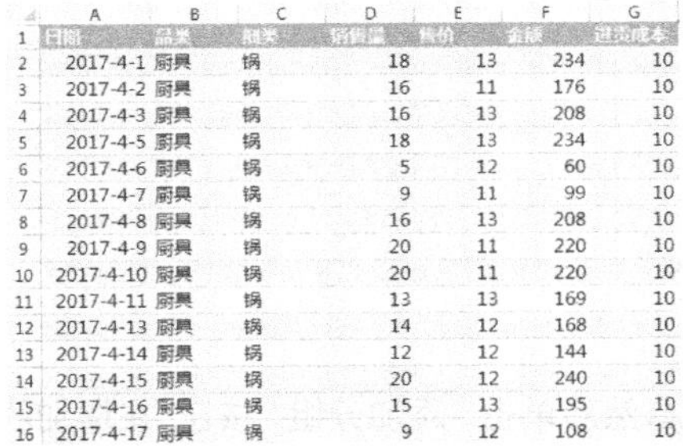

	A	B	C	D	E	F	G
1	日期	品类	细类	销售量	售价	金额	进货成本
2	2017-4-1	厨具	锅	18	13	234	10
3	2017-4-2	厨具	锅	16	11	176	10
4	2017-4-3	厨具	锅	16	13	208	10
5	2017-4-5	厨具	锅	18	13	234	10
6	2017-4-6	厨具	锅	5	12	60	10
7	2017-4-7	厨具	锅	9	11	99	10
8	2017-4-8	厨具	锅	16	13	208	10
9	2017-4-9	厨具	锅	20	11	220	10
10	2017-4-10	厨具	锅	20	11	220	10
11	2017-4-11	厨具	锅	13	13	169	10
12	2017-4-13	厨具	锅	14	12	168	10
13	2017-4-14	厨具	锅	12	12	144	10
14	2017-4-15	厨具	锅	20	12	240	10
15	2017-4-16	厨具	锅	15	13	195	10
16	2017-4-17	厨具	锅	9	12	108	10

图 3-8　待分组数据

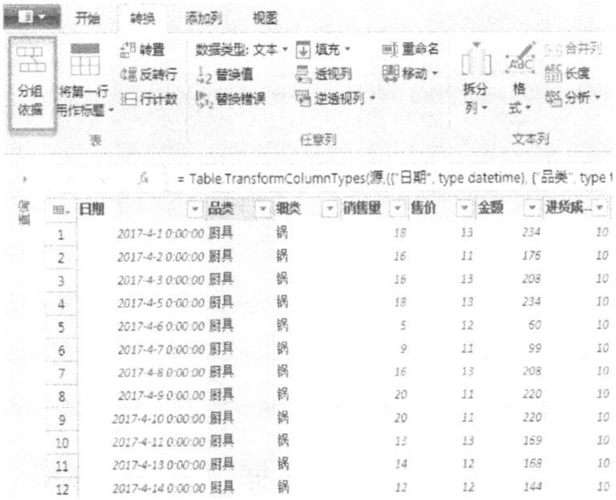

图 3-9　分组操作

Step 02 在弹出的对话框中选择分组依据为"品类","新列名"和"操作"直接采用默认值，单击"确定"按钮，如图 3-10 所示。

分组后的结果如图 3-11 所示。

图 3-10　设置分组依据　　　　　　　　　　　　　　　　图 3-11　分组结果

仅对一个列进行分组的操作很简单，但在实际工作中通常需要对数据按多列进行分组，因此，我们可以对前面生成的简单分组进行修改。

Step 03 在 Power Query 窗口右侧"查询设置"的"应用的步骤"中单击"分组的行"后的设置按钮，如图 3-12 所示。

Step 04 在弹出的对话框中选择"高级"单选框，如图 3-13 所示。

图 3-12　修改分组步骤　　　图 3-13　切换分组依据的"高级"选项

此时，该对话框中增加了"添加分组"和"添加聚合"按钮，如图 3-14 所示。

图 3-14　分组依据"高级"选项对话框

Step 05 在"分组依据"中勾选"高级"单选框,然后单击"添加分组"按钮,在增加的"分组依据"下拉列表中选择"细类",如图 3-15 所示。

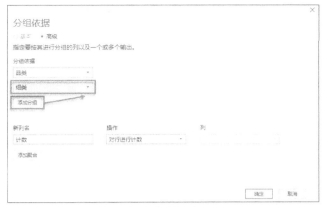

图 3-15　在"分组依据"对话框中添加分组

Step 06 在"分组依据"对话框的"高级"选项中单击"添加聚合"按钮，并将对话框中的"新列名"分别设置为"销售量"和"金额"，"操作"均选择为"求和"，"列"分别选择"销售量"和"金额"，单击"确定"按钮，如图 3-16 所示。

将对"品类"和"细类"的"销售量"和"金额"进行求和汇总，结果如图 3-17 所示。

▥▥	品类	细类	销售量	金额
1	厨具	锅	27523	464024
2	厨具	碗	26679	363318
3	厨具	筷子	18011	237070
4	食品	零食	27054	376803
5	食品	面食	17587	352172
6	食品	肉制品	17561	160629

图 3-16　在"分组依据"对话框的"设置"选项中添加聚合方法　　图 3-17　高级分组结果

小勤：Power Query 里的分组依据跟 Excel 里的分类汇总好像有点儿像，但不需要先进行排序操作，得到的结果是分类汇总后的结果数，不再包括明细项目。

大海：对。另外，这与 Excel 中只有"行"项目的数据透视功能也十分类似，你可以对比以加深理解。

知识点延伸：关于"聚合"

小勤：大海，在"分组依据"对话框里有一个"添加聚合"的按钮，"聚合"是什么意思啊？

大海：所谓"聚合"是对数据的常见统计方式的一个统称，比如求和、最大值、最小值、计数……类似于数据透视表里的"值汇总方式"，如图 3-18 所示。

图 3-18　数据透视的值汇总方式

小勤：原来是这样，为什么不都用"值汇总方式"的叫法呢？突然搞个专业名词让人容易懵。

大海："聚合"其实是大部分专业软件里的统一叫法，以后你在深入接触 Power Query、Power Pivot、Power BI，以及其他专业的数据库、数据分析软件时，可能都会用到"聚合"的概念。比如，你会看到"聚合函数"，其实指的就是求和、最大值、最小值等一系列函数的统称……所以，知道这个概念其实是很有用的。

小勤：好的，记住了。

3.3　逆透视：瞬间完成二维表转一维表

小勤：学数据透视时，二维表转一维表可以用"多重透视"来实现。那个方法临时用一下还可以，因为新的数据进来后还得重新操作一遍而不是刷新。所以如果经常用的该功能话就会很麻烦。

大海：那就用 Power Query 吧，操作简单，而且如果以后有新数据来了则一键刷新就能得到新的结果。

小勤：那真是太好了。

大海：咱们利用数据来操作一下你就明白了。用"从表格"的方式获取数据到 Power Query 后，单击"年月"列的列名选中该列，切换到"转换"选项卡，单击"逆透视"按钮，在下拉菜单中选择"逆透视其他列"命令，如图 3-19 所示。

图 3-19　逆透视操作

这样，原来横向排列的"华北""华东""华南"多列数据就被转成两列，一列为"属性"，另一列为"值"，即变成了我们需要的一维明细表，如图 3-20 所示。

接着，我们按需要把列名修改好，就可以将结果返回 Excel 里了。

小勤：这么简单！那以后如果要将二维表转换成一维表，是不是就可以直接放进去，然后刷新一下就好了？

大海：对。直接用新数据覆盖原来的数据，然后用鼠标右键单击结果区域的任意单元格，在弹出的菜单中选择"刷新"命令，结果数据就自动刷新了，如图 3-21 所示。

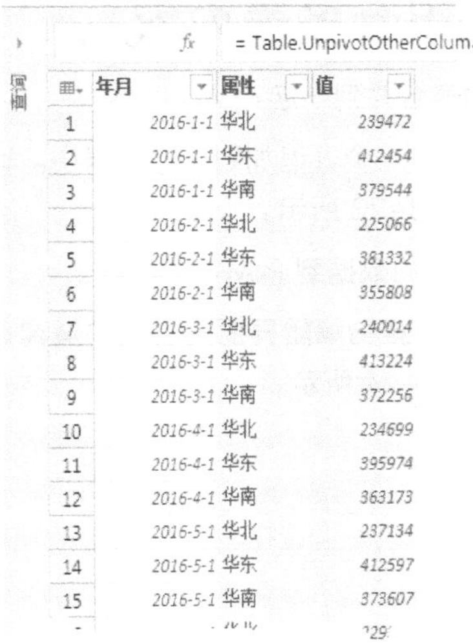

图 3-20　逆透视结果

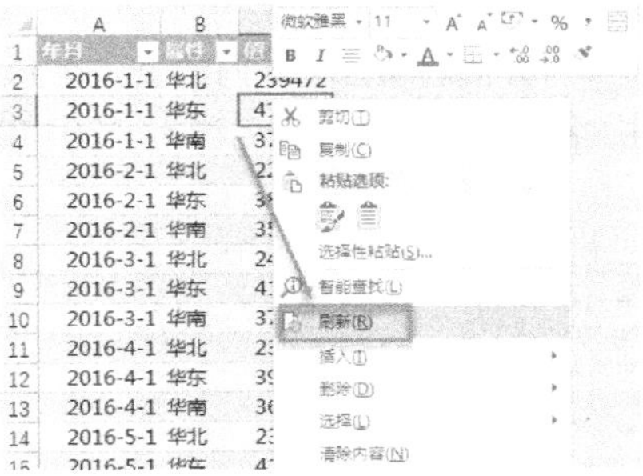

图 3-21　一键刷新逆透视结果

知识点延伸：一维表和二维表，透视及逆透视

小勤：透视和逆透视到底是什么意思呢？能不能简单地总结一下？

大海：我们可以从一维表和二维表的关系来理解。一维表即我们常说的清单表或明细表，二维表即我们常说的交叉表或汇总表。所谓透视，可以理解为从一维表到二维表（甚至更多维度）形成交叉汇总结构的过程；相反地，从二维表变成一维表的过程就是逆透视。它们之间的关系如图 3-22 所示。

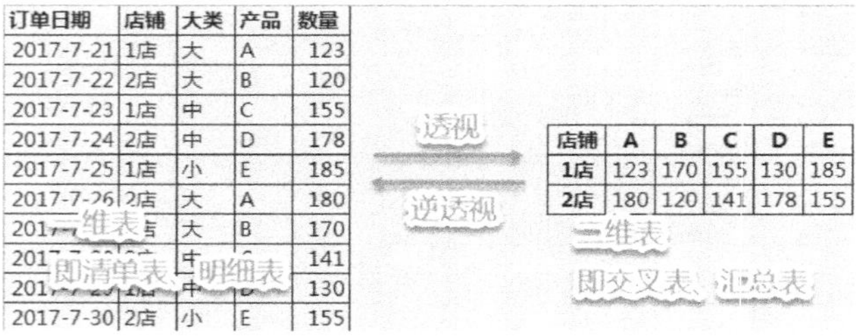

图 3-22　一维表、二维表与透视逆透视

大海：另外，在创建逆透视时，我们是将横向排列的多个列（如图 3-22 中的 A、B、C、D、E）变成两列（如产品和数量）多行，而其中不需要转变的列（店铺）就像逆透视操作的一个支点一样，所有横向各列（A、B、C、D、E）围绕着它一行行地转成数据清单，这就是我们在 Power Query 中经常要做"逆透视其他列"时所选中的列。

小勤：好，我再结合具体数据仔细体会一下。

3.4　同类表数据追加查询：轻松组合多表内容

小勤：有没有办法可以很方便地将多个同样格式的表合并到一起？

大海：你可以用 Power Query 里的"追加查询"啊，即将一个表追加到另一个表中。比如，你有三个格式一样但月份不同的数据要合并到一起，如图 3-23 所示。

Step 01 以"从表格"方式获取表格"201701"表中的数据到 Power Query。

Step 02 为方便后续区别不同的表，在 Power Query 查询编辑界面的右侧"查询设置"中的"属性 / 名称"中修改查询名称为"201701"，如图 3-24 所示。

图 3-23　待合并数据　　　　图 3-24　修改查询名称

Step 03 更改"年""月"列中的数据格式为文本：按住 Ctrl 键并单击"年"和"月"的列名以选中这两列，切换到"转换"选项卡，单击"数据类型"按钮，在下拉菜单中选择"文本"命令，如图 3-25 所示。

Step 04 以"仅创建连接"的方式上载数据：切换到"开始"选项卡，单击"关闭并上载"

按钮，在下拉菜单中选择"关闭并上载至"命令，如图 3-26 所示。

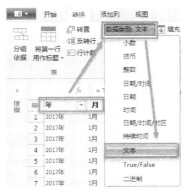

图 3-25　转换数据格式　　　　　　　图 3-26　关闭并上载数据

在弹出的对话框中勾选"仅创建连接"单选框，单击"加载"按钮，如图 3-27 所示。

对"201702"和"201703"表分别重复 Step 01~04 操作，将数据添加到 Power Query 中，然后继续后续步骤。

Step 05 切换到"开始"选项卡，单击"追加查询"按钮，在下拉菜单中选择"将查询追加为新查询"命令，如图 3-28 所示。

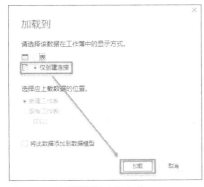

图 3-27　选择数据的上载方式　　　　　图 3-28　将查询追加为新查询

Step 06 在弹出的对话框中勾选"三个或更多表"单选框，并依次选中"可用表"中的表并单击"添加"按钮，将所有表添加到"要追加的表"中，最后单击"确定"按钮，如图 3-29 所示。

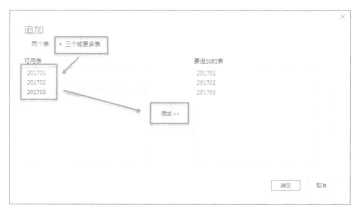

图 3-29　追加查询设置

此时会发现，在 Power Query 查询编辑窗口左侧的"查询"列表中多了一个名称为"Append1"的查询并处于选中状态，如图 3-30 所示。

Step 07 修改"合并查询"的名称：在"查询设置"的"属性/名称"中修改"合并查询"的名称，如图 3-31 所示。

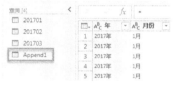

图 3-30　出现的新查询

图 3-31　修改查询名称

Step 08 上载数据：保持"合并数据"查询为选中状态，切换到"开始"选项卡，单击"关闭并上载"按钮，会发现其下拉菜单中的"关闭并上载至…"命令处于灰色的不可用状态，如图 3-32 所示。

也就是说，由于我们在将"201701"等数据表添加到 Power Query 中时以"仅创建连接"的方式获取数据，其合并查询也会默认为"仅创建连接"方式，并且无法在 Power Query 查询编辑器中修改。因此，只能先单击"关闭并上载"命令，返回 Excel 界面后再想办法修改。

Step 09 更改数据上载形式为"表"：在 Excel 界面中，切换到"数据"选项卡，单击"显示查询"按钮，在窗口右侧将显示"查询"列表。在查询列表中右击"合并数据"（在 Step 07 中修改的名称）查询，在弹出的菜单中选择"加载到…"命令，在弹出的对话框中选择"表"选项，然后单击"加载"按钮，如图 3-33 所示。这样就完成了所需要数据表的合并，并将合并结果返给 Excel。

图 3-32　关闭并上载数据

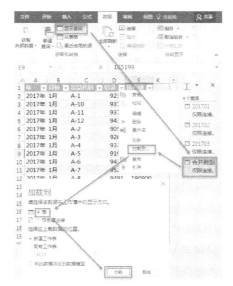

图 3-33　更改结果表的数据上载方式

小勤：这样的话，如果数据表中的数据有变化，是不是在合并数据表里直接刷新就可以了？

大海：对。但要注意一个问题，用这个方法是选择了确定的三个表进行合并的，如果这三个表中的数据出现变化，那么在合并数据表中可以直接刷新。但如果新增了一个数据表，比如"201704"，那么在合并数据表中是不包含新增表中的数据的。

小勤：那也就是说，这种方法适用于固定的多个表数据的合并和自动刷新？如果要新增加的表也被包含进去怎么办？

大海：如果要新增的表也被包含进去，那就要考虑从工作簿或文件夹获取数据然后进行整合，我们在后续的综合实战中再讨论。

3.5　关联表合并：VLOOKUP 函数虽好，但难承大数据之重

小勤：大海，现在公司的数据量越来越大，现有一个订单表如图 3-34 所示，订单明细表如图 3-35 所示，经常要将订单表的一些信息读取到订单明细表里，给相关的部门去用。原来只有几列数还好，用 VLOOKUP 函数读取一下就行了，但现在经常要很多数，用 VLOOKUP 函数做起来就很麻烦了。这个订单表还算少的，还有的表里有好几十列数据。

	A	B	C	D	E
1	订单ID	产品ID	单价	数量	折扣
2	10248	17	14.00	12	0
3	10248	42	9.80	10	0
4	10248	72	34.80	5	0
5	10249	14	18.60	9	0
6	10249	51	42.40	40	0
7	10250	41	7.70	10	0
8	10250	51	42.40	35	0.15
9	10250	65	16.80	15	0.15
10	10251	22	16.80	6	0.05
11	10251	57	15.60	15	0.05
12	10251	65	16.80	20	0
13	10252	20	64.80	40	0.05

	A	B	C	D	E	F	G	H
1	订单ID	客户ID	雇员ID	订购日期	到货日期	发货日期	运货商	运货费
2	10248	VINET	5	1996-7-4	1996-8-1	1996-7-16	3	32.38
3	10249	TOMSP	6	1996-7-5	1996-8-16	1996-7-10	1	11.61
4	10250	HANAR	4	1996-7-8	1996-8-5	1996-7-12	2	65.83
5	10251	VICTE	3	1996-7-8	1996-8-5	1996-7-15	1	41.34
6	10252	SUPRD	4	1996-7-9	1996-8-6	1996-7-11	2	51.30

图 3-34　订单主体信息表　　　　　　　　　　　　　　　图 3-35　订单明细数据表

大海：现在是大数据时代了，几十列算少的了。我曾经参与一个信息系统项目，最常用的合同表就有近 300 列，而且这还不是最多的。

小勤：那么办？如果按列顺序读取还好，但很多时候还不是按顺序的，简直就没法处理啊。而且，VLOOKUP 函数用多了，电脑还会很卡。

大海：这个时候用 VLOOKUP 函数的确有点吃力了。虽然 VLOOKUP 是 Excel 中极其重要的函数，但在大数据时代，它已经很难承担起类似的数据关联合并的重担了。所以，微软才在 Excel 里加了 Power Query 的功能。

小勤：那具体怎么操作呢？

大海：很简单，分别获取"订单"表和"订单明细"表中的数据到 Power Query 里，然后按以下步骤进行操作：

Step 01 在 Power Query 查询编辑界面中，选中"订单明细"查询，切换到"开始"选项卡，单击"合并查询"按钮，如图 3-36 所示。

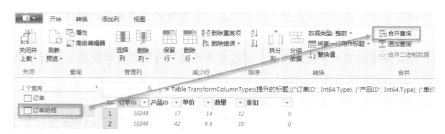

图 3-36　基于订单明细表做合并查询

Step 02 在弹出的对话框中部下拉列表中选择要合并的外部表（订单），如图 3-37 所示，单击上表（订单明细）中的"订单 ID"列的列名选中该列，再单击下表（订单）中的"订单 ID"列的列名选中该列，表示订单明细表和订单表之间通过"订单 ID"列进行匹配，类似于 VLOOKUP 函数的第一个参数所选择的单元格所在的列。设置完毕后，单击"确定"按钮。

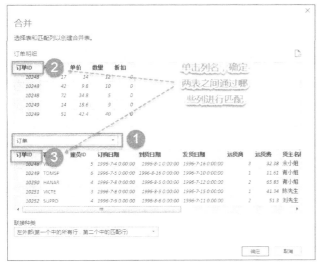

图 3-37　合并查询操作的设置方法

Step 03　此时，在表中多了一个名为"NewColumn"的列，单击该列右侧的数据展开按钮，在弹出的对话框中勾选需要合并到"订单明细"表中的内容，取消勾选"使用原始列名作为前缀"复选框，单击"确定"按钮，如图 3-38 所示。

小勤：这样真是太方便了，只要先选中匹配要用的列，然后选择要合并哪些列进来就可以了！对了，刚才你不是说可以多列匹配吗？原来用 VLOOKUP 时可麻烦了，还得先增加辅助列将那些列连接起来，然后再用辅助列来匹配。

大海：在 Power Query 里不需要了，只要在选择匹配列时按住 Ctrl 键就可以选择多列了。只是要注意，两个表选择匹配列的顺序要一致，如图 3-39 所示。

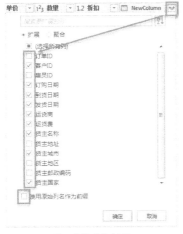

图 3-38　展开合并查询结果

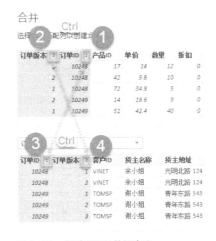

图 3-39　多列匹配的数据查询

小勤：太好了，以后数据列多的时候匹配取数就太简单了。

3.6 一个例子说明"合并查询的 6 个联接类型"

小勤：大海，关联表的合并查询功能里的联接种类怎么这么多啊？有左外部、右外部、完全外部、内部、左反、右反共 6 种，分别都是什么意思呢（见图 3–40）？

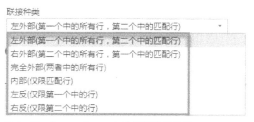

图 3–40 Power Query 中的表间联接种类

大海：其实括号里的文字就表达了它们的意思了。只是因为没有具体数据，所以不太好理解而已。

小勤：看概念和文字真的很难理解，即使理解了，感觉心里还是没底。

大海：对。因为没有数据带来的感观认识，即使感觉上理解了，也很难达到活用的状态。所以，我专门准备了一套简单的数据来演示给你看，回头你也分别操作一下，然后对比一下结果，这样就感觉很明显了。

小勤：这真是太好了！

大海：我这里有一个订单表和一个订单明细表。先看一下这两个表的情况，其中，订单表里有一些数据是明细表里没有的，明细表里也有一些数据是订单表里没有的。

另外，在后面操作时将基于订单表创建合并查询，然后选明细表，所以这里将订单表叫左表，将明细表叫右表，如图 3–41 所示。

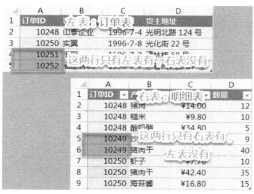

图 3–41 示例数据说明

接下来将两个表的数据都获取到 Power Query 里。因为只需要在 Power Query 里观察各种联接类型的结果，所以只需要以"仅创建连接"方式获取数据。

Step 01 通过"以表格"方式获取订单表到 Power Query 里后，修改查询名称为"订单表"，如图 3-42 所示。

Step 02 同样，通过"以表格"方式获取明细表到 Power Query 中，然后修改查询名称，如图 3-43 所示。

图 3-42　修改订单表查询名称　　　图 3-43　修改订单明细表的查询名称

Step 03 为了让结果比较更明显一点，我们把两个表的其他列都删掉，只剩订单 ID 列：分别选中"订单表"或"订单明细"查询，单击"订单 ID"列的列名以选中该列，切换到"开始"选项卡，单击"删除列"按钮，在下拉菜单中选择"删除其他列"命令，如图 3-44 和图 3-45 所示。

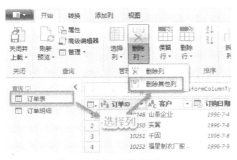 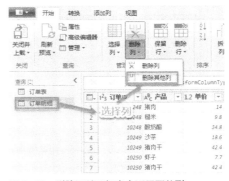

图 3-44　删除订单表中不需要的列　　　图 3-45　删除订单明细表中不需要的列

Step 04 单击"订单表"查询，切换到"开始"选项卡，单击"合并查询"按钮，在下拉菜单中选择"将查询合并为新查询"命令，如图 3-46 所示。

Step 05 生成左外部查询：在弹出的对话框中选择"订单明细"表，并依次单击两表中的"订单 ID"列完成匹配，在"联接种类"中选择"左外部（第一个中的所有行，第二个中的匹配行）"选项，单击"确定"按钮，如图 3-47 所示。

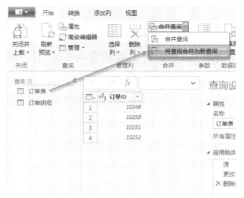

图 3-46　合并到新查询

图 3-47　设置"左外部"合并查询

Step 06 展开合并数据：单击"订单明细"列右侧的数据展开按钮，保持"使用原始列名作为前缀"复选框为选中状态，单击"确定"按钮，如图 3-48 所示。

Step 07 修改查询名称：单击选中新生成的查询"Merge1"，在"查询设置"的"属性 / 名称"中将"名称"修改为"左外部"，如图 3-49 所示。

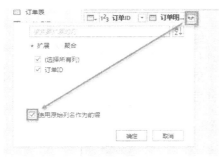

图 3-48　展开合并查询的结果数据

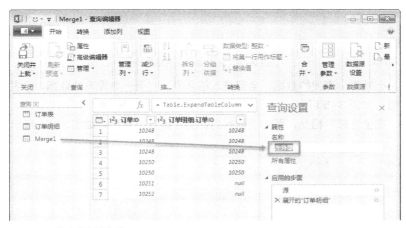

图 3-49　修改查询的名称

Step 08 重复 Step 04~Step 07分别生成右外部、完全外部、内部、左反、右反查询，结果如图 3-50 所示。

图 3-50　选择不同的联接类型

接下来开始比较各种联接类型的结果。

- 左外部：只要订单表（左表）里有的数据，结果表里都会有。但明细表（右表）里有些列没有数据，所以匹配过来后会成为 null（空值），如图 3-51 所示。
- 右外部：和左外部相反，即明细表（右表）里有的数据，结果表里都会有。但因为订单表（左表）里有部分数据没有，所以合并后用 null 值表示，如图 3-52 所示。

图 3-51　左外部查询的结果

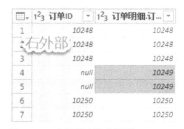

图 3-52　右外部查询的结果

- 完全外部：不管哪个表里的数据，全都进入结果表。对于一方没有的数据，合并后显示为 null 值，如图 3-53 所示。
- 内部：跟"完全外部"相反，两个表都有的数据才进入结果表，如图 3-54 所示。

图 3-53　完全外部查询的结果

图 3-54　内部查询的结果

- 左反：只有订单表（左表）有而明细表（右表）没有的数据，才进结果表。这种用法经常用于检查哪些订单缺了明细表等，如图 3-55 所示。
- 右反：和"左反"相反，只有明细表（右表）有而订单表（左表）没有的数据，才进入结果表，如图 3-56 所示。

图 3-55　左反查询的结果

图 3-56　右反查询的结果

最后总结见表 3-1（"我"表示左表，"你"表示右表）。

表 3-1 Power Query 合并查询联接种类参考表

联接类型	含义	函数参数
左外部	显示我所有,不管你有没有	JoinKind.LeftOuter
右外部	不管我有没有,显示你所有	JoinKind.RightOuter
完全外部	不管我有还是你有	JoinKind.FullOuter
内部	只显示我有你也有	JoinKind.Inner
左反	只显示我有你没有	JoinKind.LeftAnti
右反	只显示你有我没有	JoinKind.RightAnti

表 3-1 中的函数参数是进行合并操作时生成的代码参数,如图 3-57 所示。

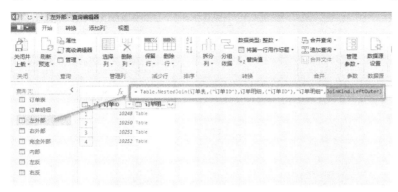

图 3-57 合并查询操作生成的代码及参数

如果在 Power Query 的操作中可以选择相应的联接类型,则这些参数会自动生成。对于版本比较低的用户,如果操作过程中不能选择需要的联接类型,可在合并后生成的代码中直接加入或修改该参数来达到相应的效果。

3.7 透视与逆透视:两步处理数据转换难题

小勤:大海,怎样快速把图 3-58 中上表中的横向数据转换成下表中的纵向数据?

业务经理	存货分类	17年6月	17年7月	17年8月	17年9月	17年10月	17年11月	17年12月
小王	洗衣机	290	376	214	475	300	426	495
大林	冰箱	308	475	386	342	209	292	363
余为	空调	347	463	419	270	393	240	472

业务经理	月份	洗衣机	冰箱	空调
小王	17年7月	376		
小王	17年8月	214		
小王	17年9月	475		
小王	17年10月	300		
小王	17年11月	426		
小王	17年12月	495		
大林	17年7月			
大林	17年8月			
大林	17年9月			
大林	17年10月			
大林	17年11月			
大林	17年12月			

图 3-58 原始数据和结果数据

大海：这相当于是将一个交叉表转换成另一个交叉表。用 Power Query 操作很简单，只要两步就可完成。

Step 01 将数据获取到 Power Query 里后，按住 Ctrl 键依次单击"业务经理"和"存货分类"列的列名选中这两列，右击选中列的列名，在弹出的菜单中选择"逆透视其他列"命令，如图 3-59 所示。

Step 02 单击"存货分类"列的列名选中该列，切换到"转换"选项卡，单击"透视列"按钮，在弹出对话框的"值列"下拉列表中选择"值"，单击"确定"按钮，如图 3-60 所示。

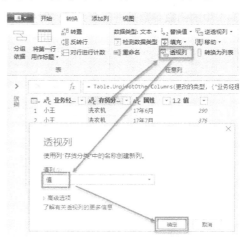

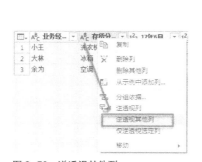

图 3-59　逆透视其他列　　　　图 3-60　透视列

小勤：真是太简单了！有合适的工具，掌握有效的技能，真是事半功倍啊！

3.8　频繁重复的表间数据对比，今后只要刷新一下

小勤：能不能用 Power Query 做表间数据对比啊？比如图 3-61 中的左右两张表。

	A	B	C		A	B
1	货品代码	盘点数		1	货品代码	系统结存数
2	A-1	336		2	A-1	336
3	A-2	85		3	A-2	84
4	A-3	52		4	A-3	52
5	A-4	203		5	A-5	234
6	A-5	234		6	A-6	252
7	A-6	252		7	A-7	224
8	A-7	224		8	A-8	374
9	A-8	374		9	A-9	234
10	A-9	234		10	A-10	72
11	A-10	72		11	A-11	135
12	A-11	135		12	A-12	60
13	A-12	60		13	A-14	203

图 3-61　待对比数据（左侧为手工盘点表，右侧为系统结存表）

大海：当然可以。用 Power Query 做这样的处理最合适了，操作简单，而且做好之后，当有新的数据需要对比时，将新数据复制进来后直接刷新一下就可以到结果。具体步骤如下：

Step 01 以“仅创建连接”方式获取其中一个表（如系统结存表）中的数据到 Power Query，然后单击“系统结存数”列的列名选中该列，切换到“转换”选项卡，单击“逆透视列”按钮，如图 3-62 所示。

此时，数据表将出现“属性”和“值”两列，如图 3-63 所示。

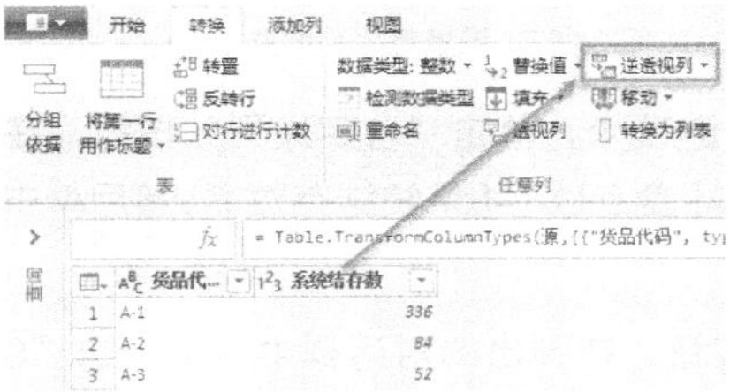

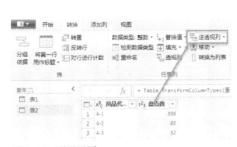

图 3-62　逆透视列

	货品代...	属性	值
1	A-1	系统结存数	336
2	A-2	系统结存数	84
3	A-3	系统结存数	52
4	A-5	系统结存数	234
5	A-6	系统结存数	252
6	A-7	系统结存数	224

图 3-63　逆透视结果

Step 02 获取另一表（手工盘点表）的数据到 Power Query 后，单击“盘点数”列的列名选中该列，切换到“转换”选项卡，单击“逆透视列”按钮，如图 3-64 所示。

Step 03 追加合并系统结存表到手工盘点表中：切换到“开始”选项卡，单击“追加查询”按钮，在弹出对话框的“要追加的表”下拉列表中选择“表 1”（根据实际情况选择），单击“确定”按钮，如图 3-65 所示。

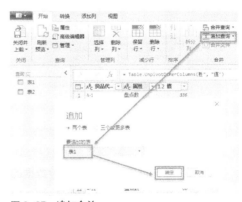

图 3-64　逆透视列

图 3-65　追加合并

Step 04 单击“属性”列的列名选中该列，切换到“转换”选项卡，单击“透视列”按钮，如图 3-66 所示。

在弹出对话框的“值列”下拉列表中选择“值”，在“聚合值函数”下拉列表中选择“不要聚合”，单击“确定”按钮，如图 3-67 所示。

图 3-66　透视属性列

图 3-67　设置透视列的选项

Step 05 添加"差异"列：切换到"添加列"选项卡，单击"自定义列"按钮，在弹出的对话框中修改"新列名"为"差异"，输入公式"=[盘点数]–[系统结存数]"，然后单击"确定"按钮，如图 3-68 所示。

Step 06 单击"差异"列的列名右侧的筛选按钮，在弹出的对话框中取消勾选"0"前的复选框，单击"确定"按钮，如图 3-69 所示。

图 3-68　添加自定义差异列

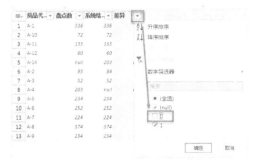

图 3-69　通过筛选删除无差异项

大海：这样就完成了两表差异数据的比较。

小勤：这个太好了。以后对账就可以自动完成了，一键更新，真是方便。

3.9　数据都堆在一列里，怎么办

小勤：大海，最近公司系统导出来的订单数据所有信息都堆在一列里面，怎么转成规范的明细表啊？如图 3-70 所示。

图 3-70 将左侧数据转变为右侧数据

大海：这个用公式也不难啊，每 5 个数据一折行，提出来就可以。

小勤：公式是可以，但数据量很大，到多少行停止也拿不准，关键是还要做后续其他分析，有了新的数据又得重新弄一遍。所以，我在想怎么用 Power Query 去实现，既能保证数据一键刷新，又方便后续的其他分析。

大海：那就用 Power Query 来处理，很简单。

Step 01 数据获取到 Power Query 后，切换到"添加列"选项卡，单击"索引列"按钮，如图 3-71 所示。

Step 02 选中"索引"列，切换到"添加列"选项卡，单击"标准型"按钮，在弹出的下拉菜单中选择"取模"命令（取模即求余数），如图 3-72 所示。

图 3-71　添加索引列　　　图 3-72　取模操作

在弹出的对话框的"值"文本框中输入"5"，单击"确定"按钮，如图 3-73 所示。

说明：Power Query 里的行标是从 0 开始的，图 3-72 中左边标志的第 1 行，在系统内的行标实际上是 0，以此类推。

图 3-73　输入取模的值

Step 03 以不聚合的方式透视列：单击"插入的取模"列的列名以选中该列，切换到"转换"选项卡，单击"透视列"按钮，如图 3-74 所示。

在弹出对话框的"值列"下拉列表框中选择"销售订单信息"，在"聚合值函数"下拉列表框中选择"不要聚合"，单击"确定"按钮，如图 3-75 所示。

图 3-74　透视列

图 3-75　设置透视列的选项

Step 04 单击"1"列的列名，按住 Shift 键并单击"4"列的列名以选中 1 ~ 4 列，切换到"转换"选项卡，单击"填充"按钮，在弹出的下拉菜单中选择"向上"命令完成数据填充，如图 3-76 所示。

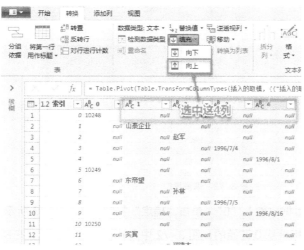

图 3-76　向上填充

Step 05 单击"0"列右侧的"筛选"按钮，在弹出的选择对话框中取消勾选"null"值前的复选框，单击"确定"按钮，如图 3-77 所示。

Step 06 用鼠标右键单击"索引"列的列名，在弹出的菜单中选择"删除"命令以删除索引列，如图 3-78 所示。

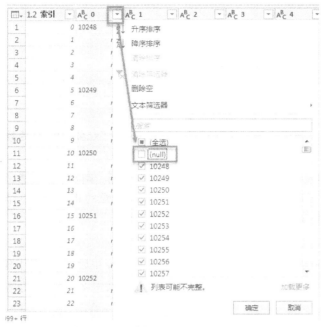

图 3-77 筛选除空值外的其他数据

图 3-78 选择"删除"命令

Step 07 按需要修改列名，如图 3-79 所示。

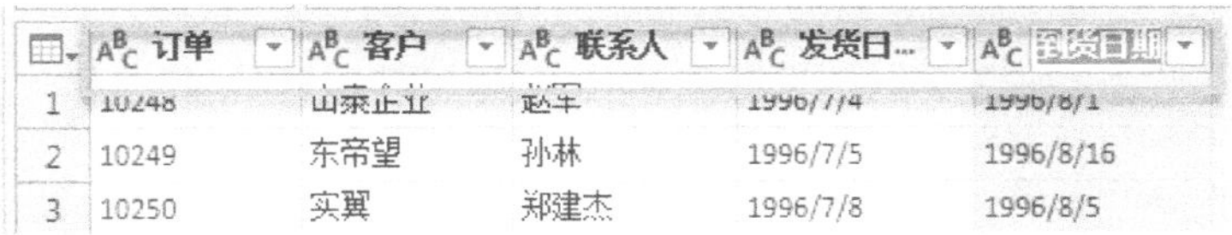

	ABC 订单	ABC 客户	ABC 联系人	ABC 发货日...	ABC 发货日期
1	10248	山泰企业	赵军	1996/7/4	1996/8/1
2	10249	东帝望	孙林	1996/7/5	1996/8/16
3	10250	实翼	郑建杰	1996/7/8	1996/8/5

图 3-79 修改列名

小勤：这个太有意思了，通过添加取模（余数）列、透视、向上填充几个操作就完成了，虽然都很简单的功能，但结合起来居然还能达到这么强大的效果。

大海：在掌握了基本知识点之后，就得多练、多接触实际案例。

第4章
M函数入门

4.1 条件语句：if…then…else…

小勤：大海，Power Query 里怎么做条件判断？比如，它有像 Excel 里的 IF 函数这样的函数或功能吗？

大海：在 Power Query 里没有 IF 函数。如果是简单的条件判断，则可以直接通过功能操作实现。不过 Power Query 里有 if…then…else…语句，跟 Excel 里的 IF 函数的 3 个对应参数是一样的，所以一般建议直接通过这个语句来实现条件的判断。

小勤：怎么用呢？

大海：我们通过一个例子来学习吧。将数据获取到 Power Query 中后，进行如下操作：

Step 01 添加自定义列：切换到"添加列"选项卡，单击"添加自定义"按钮，如图 4-1 所示。

图 4-1　添加自定义列

Step 02 在弹出的对话框中按需要修改新列名，并输入自定义列公式"=if [到货记录 _1]>[到货记录 _2] then [到货记录 _1] else [到货记录 _2]"，如图 4-2 所示。

小勤：看起来很长，但其实跟 Excel 里是一样的，参数也是一一对应的。

大海：对。就是写法上有一点差异而已。我们再看看嵌套的公式，如图 4-3 所示。

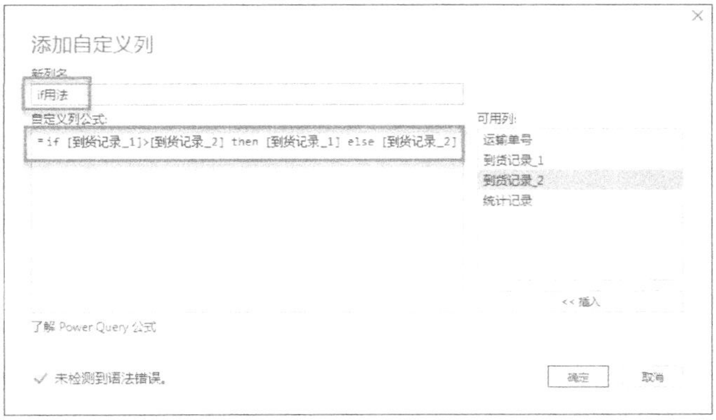

图 4-2　编写条件判断公式

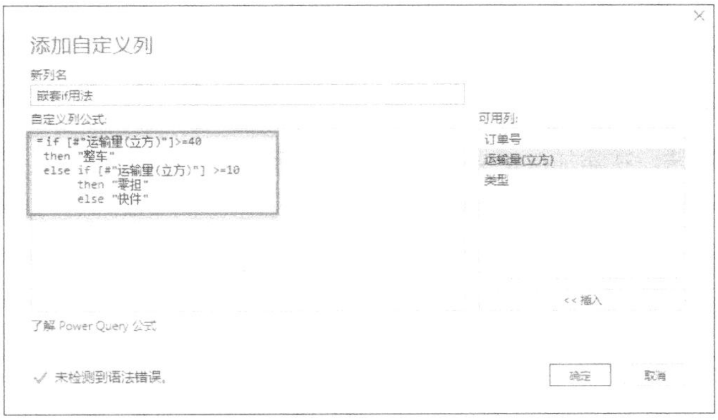

图 4-3　多层嵌套的条件公式

小勤：嵌套也跟 Excel 里的思路是一样的，而且通过分行一层一层地写，看起来也很清晰。

大海：对，写这些代码时做好换行、缩进等，会让代码和思路更加清晰。

小勤：谢谢！

4.2　多条件的使用：and 和 or

小勤：大海，刚看了关于 if…then…else 的 M 语句，我马上想到的是多条件判断怎么办，有没有像 Excel 里的 AND 和 OR 函数？

大海：当然有啊。但在 M 里是关键字，不是函数，跟 if…then…else 一样，对应的是 and 和 or。和在 Excel 里的含义一样，and 表示"与"和"且"，or 表示"或"。还是用个例子来说明吧。比如 and 的用法，在添加自定义列后的弹出的对话框中输入以下公式：

```
= if [订单数量]<1000 and [订单数量]>100
  then"常规订单"
  else"特殊订单"
```

表示：如果"订单数量"大于 100 且小于 1000，则为"常规订单"，此外为"特殊订单"，如图 4-4 所示。

图 4-4 带"且" (and) 的多条件判断公式

接着我们再看一下 or 的用法。在添加自定义列后的弹出对话框中输入以下公式：

= if [订单数量]>10000 or [订单数量]<100
then "重点跟进"
else ""

表示如果"订单数量"大于 10000 或小于 100，则标记为"重点跟进"，否则不做标志，如图 4-5 所示。

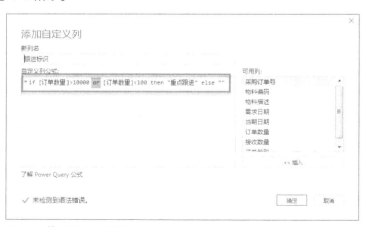

图 4-5 带"或" (or) 的多条件判断公式

小勤：这样看起来也很简单啊。其实就是用 and 或 or 将需要的条件连在一起。

大海：对，所有语言、公式或函数的用法都是类似的，只是写法有点差异而已。

小勤：对了，你为什么一个公式用了换行，而另一个不用换行？

大海：这个随你自己喜欢。如果公式本身就很简单，那就直接写一行。如果公式比较长或比较复杂，就分开多行，并做好缩进，这样会更易读一些。

小勤：分开多行的确看起来感觉清晰很多。对了，这里是只有 and 或者 or 的单一用法，如果有多个 and 和 or 在同一个公式里，是 and 优先起作用还是 or 优先起作用？

大海：我一般不去记谁比谁优先的问题，又不是去考试让你判断某条公式或语句的结果，在实际工作中，碰到可能搞不清楚谁优先时就加括号，反正优先计算括号内的就不会错。

小勤：知道了，加上括号就不用纠结谁优先了。

4.3 错误处理：try…otherwise…

小勤：大海，我这里有一个表的日期转换出错了，怎么办？

大海：我看一下什么情况？

小勤：你看，我将数据获取到 Power Query 里后，用鼠标右键单击"发货日期"列的列名，在弹出的菜单中选择"更改类型"命令，并在下一级菜单中选择"日期"命令，如图 4-6 所示。

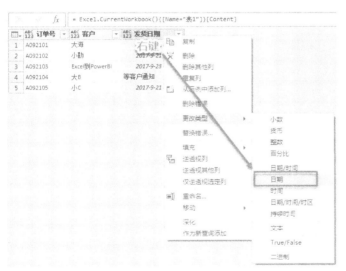

图 4-6　更改类型

结果出错了，如图 4-7 所示。

	ABC 123 订单号	ABC 123 客户	发货日期
1	A092101	大海	2017-9-21
2	A092102	小勤	2017-9-21
3	A092103	Excel到PowerBI	2017-9-23
4	A092104	大B	Error
5	A092105	小C	2017-9-21

图 4-7　更改类型出错

大海：你这个当然会出错了。首先，在这个表里，最好将这种附加的信息和日期分开，单独成一列。

小勤：但同事给过来就已经这样了，怎么办？我记得 Excel 里有一个 IFERROR 函数，是不是可以用？

大海：Power Query 里也有类似的处理办法，但不用一个函数，而是用一个语句，功能和 Excel 里的 IFERROR 函数一样，叫 try…otherwise…语句，可以理解为"试一下……如果出错就……"。

小勤：意思倒挺通顺的。

大海：回到这个例子，切换到"添加列"选项卡，单击"自定义列"按钮，在弹出的对话框中输入公式"=try [发货日期] otherwise null"，即"试一下取发货日期的值，如果出错就用 null"，单击"确定"按钮，如图 4-8 所示。

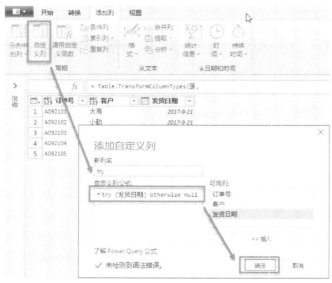

图 4-8　添加自定义列

看，结果出来了，如图 4-9 所示。

	订单号	客户	发货日期	try
1	A092101	大海	2017-9-21	2017-9-21
2	A092102	小勤	2017-9-21	2017-9-21
3	A092103	Excel到PowerBI	2017-9-23	2017-9-23
4	A092104	大B	Error	null
5	A092105	小C	2017-9-21	2017-9-21

图 4-9　数据处理结果

小勤：这个写法其实跟 Excel 里的 IFERROR 很像啊，IFERROR 也有两个参数。

大海：对。另外，这个问题可以直接将错误值替换为 null：单击"发货日期"列的列名以选中该列，切换到"转换"选项卡，单击"替换值"按钮，在弹出的下拉菜单中选择"替换错误"命令，在弹出的对话框中输入值"null"，单击"确定"按钮，如图 4-10 所示。

结果"Error"值被替换掉了，如图 4-11 所示。

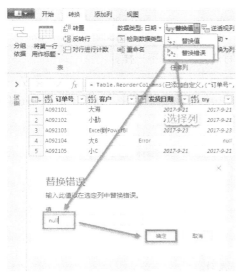

图 4-10 替换错误操作方法

图 4-11 "Error"值被替换掉了

小勤：这个操作真方便，单击两下鼠标就完成了，不过，我觉 try…otherwise…语句的使用也要学一下，就像在 Excel 里的 IFERROR 函数一样，很多时候可能不是这么简单替换一下的事情。

大海：对。公式和操作各有各的用途，都学会，然后根据不同的情况用最合适的方法来解决问题。

小勤：我也是这么想的，上载数据去喽。

4.4　最常用的文本函数

小勤：Power Query 里是如何进行文本的处理的？有相应的函数吗？

大海：当然有啊。我们通过和 Excel 里的常用文本处理函数进行对比的方式来学，可能会效果更好。

小勤：这样最好了。

大海：那首先看看最常用的几个，见表 4-1。

表 4-1 最常用的文本处理函数

实现功能	Excel 函数	Power Query 函数
获取文本长度	LEN	Text.Length
清除两边空格	TRIM(文本)	Text.Trim(文本)
取左边 n 个字符	LEFT(文本 ,n)	Text.Start(文本 ,n)
取右边 n 个字符	RIGHT(文本 ,n)	Text.End(文本 ,n)
从第 m 个字符开始取 n 个字符	MID(文本 ,m,n)	Text.Middle(文本 ,m−1,n)

小勤：这看起来都是一一对应的啊，就是写法有一点儿不一样。

大海：对，总的来说都是比较简单的。我们拿一个例子来练一练就能很快熟悉了——先把 Excel 公式和结果写出来，然后再和 Power Query 的结果做对比。如果不熟悉 Excel 里的这些简单的函数的话，就多练习一下，结果如图 4-12 所示。

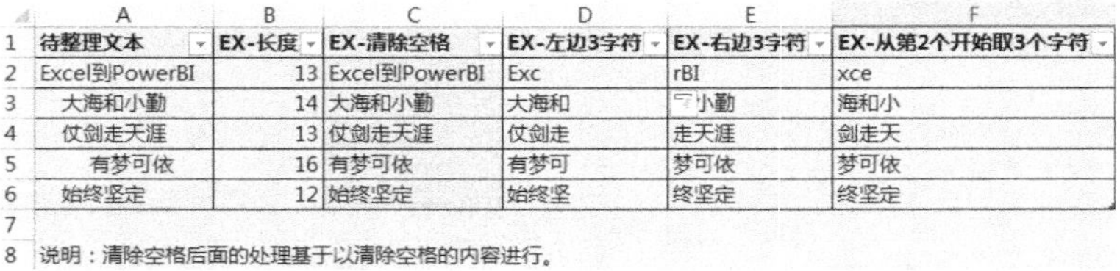

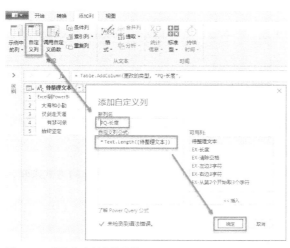

图 4-12　不同函数的处理结果

接下来将数据获取到 Power Query 中进行练习。

Step 01 提取文本的长度：在"添加列"选项卡中单击"自定义列"按钮，在弹出的对话框中修改列名并输入公式"=Text.Length([待整理文本])"，单击"确定"按钮，如图 4-13 所示。

图 4-13　提取文本长度的函数

Step 02 清除文本两端的空格：在"添加列"选项卡中单击"自定义列"按钮，在弹出的对话框中修改列名并输入公式"=Text.Trim([待整理文本])",单击"确定"按钮,如图 4-14 所示。

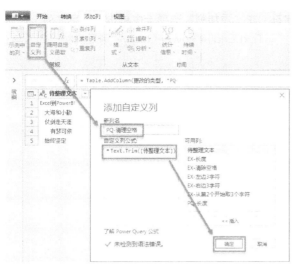

图 4-14 清理两端空格的函数

Step 03 提取文本的左边 3 个字符:在"添加列"选项卡中单击"自定义列"按钮,在 弹出的对话框中修改列名并输入公式"= Text.Start([#"Power Query- 清理空格 "],3)",单击 "确定"按钮,如图 4-15 所示。

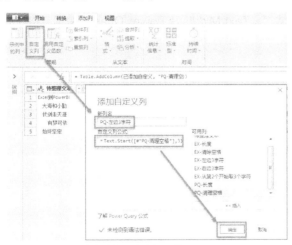

图 4-15 提取文本左边部分内容的函数

小勤:为什么在调用列名"Power Query- 清理空格"时在外面加上了"#"和双引号?

大海:因为这个列(字段)名里带了特殊符号"-",如果列名或以后一些查询名里带了 一些特殊的符号(如横杠、空格等),则需要加"#"和双引号括起来,否则会出错。

小勤：原来这样，那以后还是少用这种特殊字符，不然公式看起来挺乱的。

大海：实际数据处理中多注意这方面的习惯和规范很有好处。

Step 04 提取文本的右边 3 个字符：在"添加列"选项卡中单击"自定义列"按钮，在弹出的对话框中修改列名并输入公式" = Text.End([#"Power Query− 清理空格 "],3)"，单击"确定" 按钮，如图 4−16 所示。

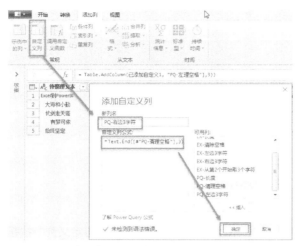

图 4−16　提取文本右边部分内容的函数

Step 05 从文本第 2 个字符开始取 3 个字符：在"添加列"选项卡中单击"自定义列"按钮，在弹出的对话框中修改列名并输入公式 " = Text.Middle([#"Power Query− 清理空格 "],1,3)"，单击"确定"按钮，如图 4−17 所示。

图 4−17　提取文本中间部分内容的函数

Power Query和Power Pivot实战

小勤：嗯。这些看起来都很简单。对了，切换到"添加列"选项卡，单击"提取"按钮，这些下拉菜单就是直接的操作？如图 4-18 所示。

图 4-18 提取文本内容的操作方法

大海：对的。这些基本的函数都可以通过操作然后填入参数来得到结果，但是，这几个常用的函数，还是要记住并熟练使用，毕竟将来很可能要经常和其他函数联合使用，总不能每次都先生成然后再复制并修改吧？

小勤：嗯，知道了。

知识点延伸：Power Query 中的关键字、函数分类及大小写问题

Power Query 中的关键字（如"if…then…else…"等）必须全部小写，而函数与 Excel 中的函数在写法上有很大差别，并且必须区分大小写。

在 Power Query 中，针对不同类型的数据使用不同的函数，比如针对文本的操作，基本都采用的是 Text 类，然后加上具体的函数名称。函数的名称基本都是完整的英语单词。大小写区分的基本规则是：每个单词首字母大写，其余字母小写。

4.5 数值的计算（聚合函数与操作）

小勤：大海，在 Power Query 里面能不能对一列数进行求和、算个数、求最大、最小值之类的运算啊？

大海：你说的这些其实就是所谓的"聚合"计算，在 Power Query 里当然也是可以的，虽然 Power Query 的强项在于数据的整合、转换及整理，而不在于统计分析，但毕竟在数据整理中也经常用到一些基本的计算，所以，这些功能也都是有的。

小勤：啊，那怎么用？不是要写公式吧？

大海：基本的这些统计是不需要写公式的，通过简单的操作就能得到。比如，我们把数据获取到 Power Query 后，要对一列数进行求和，则单击需要求和的列的列名以选中该列，切换到"转换"选项卡，单击"统计信息"按钮，然后在弹出的下拉菜单中选择"求和"命令、如图 4-19 所示。

图 4-19　求和操作

Power Query 里会自动生成求和公式并得到求和结果，如图 4-20 所示。

图 4-20　求和操作结果及生成的公式

小勤：就只剩一个和了！

大海：对，我们不要只看结果，看一下操作之后形成的公式，这里是通过 List.Sum 函数对"学分"那一列的所有数字进行了求和。在 Power Query 里，往往不是为了得到这些统计结果，而是对统计的结果进行进一步利用，所以，这里关键是要理解这些操作生成的公式，对一些常用的函数要学以致用。

小勤：原来是这样的。

大海：回到那个统计的菜单，看到还有最小值、最大值、中值、平均值等，我们都试一下，可看到不同的统计方式对应的函数如下：

- 求和：List.Sum()。
- 最小值：List.Min()。
- 最大值：List.Max()。
- 中值：List.Median()。
- 平均值：List.Average()。
- 标准偏差：List.StandardDeviation()。
- 值计数（非空数值的个数）：List.NonNullCount()。
- 对非重复值进行计数：List.NonNullCount(List.Distinct(更改的类型 [学分]))。

大海：显然，前面的内容都是单一的函数使用，其中求和、最小值、最大值和平均值都很常用，所以，这几个函数最好都能记住。实际上，这几个函数跟 Excel 里的是一样的，只是在 Power Query 里要求在前面加上 List 而已。

小勤：对，挺简单的。但最后那个好像比较复杂啊。

大海：最后那个是函数的嵌套，首先是用 List.Distinct 函数提取"学分"列里的不重复值，然后再用 List.NonNullCount 函数对前面提出来的不重复的非空值进行计数。

小勤：理解了。

大海：这里面 List.Distinct 函数也很重要，以后很多地方都会用到，所以最好也能记住。

小勤：好的。

大海：最后，你还记得咱们前面讲分组依据、透视的内容，以及里面的"操作"或"聚合"选项吗？比如，选择"学员"列，切换到"转换"选项卡，单击"分组依据"按钮，如图 4-21 所示。

图 4-21　分组依据

在弹出的对话框中单击"操作"下拉列表右侧的下拉按钮，可以看到"求和""平均值""中值"等内容，如图 4-22 所示。

图 4-22　分组依据中的可选操作

小勤：我知道了，这里面的内容跟前面的统计内容基本都是一样的，还有在做透视时有一个"聚合值函数"的选项也和这里的内容差不多。

大海：对，其实来来去去都是这些东西。我们接着刚才分组的内容，在"操作"下拉列表框中选择"求和"选项后，在"列"下拉列表框中选择"学分"进行计算，并且直接给求和的这一列起个新列名"学分合计"，并单击"确定"按钮，如图 4-23 所示。

图 4-23　分组求和操作

这时我们可以看到，这个步骤生成了一个表分组函数 Table.Group，其内部的参数跟操作步骤里的每一个动作一一对应，如图 4-23 所示。

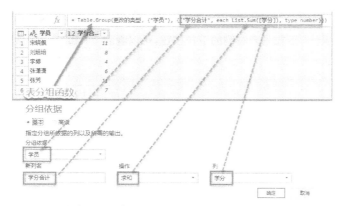

图 4-24　分组操作及生成代码一一对应

同时可以看出，其中用 List.Sum 函数对按学员分组形成的各自对应的所有学分（列表）进行了求和。

小勤：原来每一步操作和生成的公式内容基本是一一对应的。

大海：对的。因为这样，所以，以后在很多数据处理过程中，可以通过操作生成基本的公式，然后按需要进行修改，从而生成需要的结果。

小勤：怪不得前面那么多的案例都是通过操作实现结果，看来打好操作基础真的很重要，否则都通过自己写这些公式那就太麻烦了。

大海：对。后面我会给你更多的结合操作和函数修改的内容去练习，同时又可以学习更多的函数。

小勤：这样真是太好了。

4.6　列表构造初步：生成重复项清单如此简单

小勤：怎样才能将文本按需要次数重复多次出现在一列里面啊？如图 4-25 所示。

大海：这个用 Power Query 倒是很简单的，不过要学一点列表的构造知识，以后也会经常用到。

账号	重复次数
招行6554203020320992	5
建行4456278787239992	6
建行4456278787239983	3
工行2230992893299232236	30
工行2230992893299232288	50

内容
招行6554203020320992
招行6554203020320992
招行6554203020320992
招行6554203020320992
招行6554203020320992
建行4456278787239992
建行4456278787239992
建行4456278787239992
建行4456278787239992
建行4456278787239992
建行4456278787239992

图 4-25　重复项清单的生成要求

小勤：列表构造？

大海：对。其实就是生成一列的数据，比如 1~10、A~X 等。

小勤：啊。是不是有点像 Excel 里的自动填充一样？还能生成等差数列之类的。

大海：对，初步可以这么理解。在 Excel 里是直接填充在一行或一列的不同单元格里，形成一行或一列数。在 Power Query 里呢，会生成一个列表，称为 List，即我们前面学的 List.Sum 等函数中的 List。

小勤：还是直接用这个例子来练一练吧。

大海：好的。

Step 01 将数据获取到 Power Query 里后，切换到“添加列”选项卡，单击“自定义列”按钮，在弹出的对话框中修改列名并输入公式“={1..[重复次数]}”，单击“确定”按钮，如图 4-26 所示。

Step 02 展开 List：单击新添加的“自定义列”列名右侧的展开按钮，然后在下拉菜单中选择“扩展到新行”命令，如图 4-27 所示。

Step 03 删除不必要的列：用鼠标右键单击“内容”列的列名，在弹出的菜单中选择“删除其他列”命令，如图 4-28 所示。

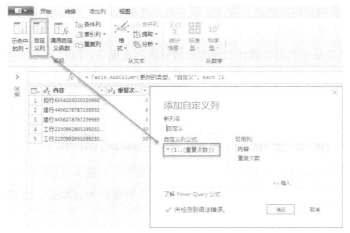

图 4-26　构造列表表达式

图 4-27　扩展列表到新行

图 4-28　删除其他列操作

小勤：好简单！

大海：对，就是这么简单。主要是 Power Query 构造的列可以展开到行里，同时会对其他数据进行向下填充。

小勤：这种情况对生成明细表真有用。构造列表的公式是 "{1..[重复次数]}"，能不能这么理解：重复次数是 5 的时候，生成的就是 1~5 五个数？

大海：对。就是这个意思，要生成 1~100 的话，那就是 {1..100}。

小勤：知道了。那如果要生成等差数列怎么办？比如 1/3/5/7……

大海：这个有专门的函数，你可以去查一下 Power Query 的函数文档，以后要尽量多使用帮助文档。

小勤：好的。

知识点延伸：构造字母或汉字列表

构造的列表中的内容可以是数字，也可以是英文字母或汉字，比如：

- A ~ Z：{ "A" .. "Z" }。
- a ~ z：{ "a" .. "z" }。
- 所有汉字：{ "一" .. "龟" }。龟后面其实还有几个汉字，不过那几个汉字在日常应用中基本看不到，也难记，所以一般使用 { "一" .. "龟" } 就可以了。
- 不连续列表，用逗号分隔，如 1~3,5~6,a~c：{1..3,5..6, "a" .. "c" }。

4.7　动态分组、合并同类项真的很容易

小勤：大海，用 Power Query 能不能直接合并同类项啊？

大海：你想怎么合并？

小勤：要将原来的数据明细里的同一个员工参加过的培训组合起来，如图 4-29 所示。

图 4-29　原始数据和合并后的数据

大海：啊。这个用 Power Query 也不难，先对"学员"进行分组，然后把"课程"的内容合并一下就行了。

Step 01 将数据获取到 Power Query 中后，选择"学员"列，切换到"转换"选项卡，单击"分组依据"按钮，在弹出的对话框中修改新列名为"课程"，在"操作"下拉列表框中选择"求和"选项,在"列"下拉列表框中选择"课程"列，单击"确定"按钮,如图 4-30 所示。

图 4-30　分组操作

分组后的结果如图 4-31 所示。

图 4-31　分组操作的结果

小勤：出错了！

大海：别紧张，我们就是要这样的内容。刚才咱们在分组时选择的是对课程进行求和，但课程都是文本内容，不是数字，所以求和当然会出错。

小勤：那怎么办？

大海：显然，我们不是想求和，而是想将这几个内容连在一起，所以，我们可以修改一下其中的 List.Sum 函数来达到目的。

Step 02 将分组操作生成公式中的"List.Sum([课程])"修改为"Text.Combine([课程],"、")"，如图 4-32 所示。

图 4-32　修改公式

修改完后按 Enter 键，结果如图 4-33 所示。

图 4-33　按同类项分组合并结果

小勤：啊。原来还可以这样做。

大海：对的，实际上我们通过分组得到了每个学员的课程内容，然后就可以用 Text. Combine 函数进行组合了。这个函数的用法如下：

```
Text.Combine（列表，连接符）
```

- 参数 1（列表）：多项内容形成的一个列表。
- 参数 2（连接符）：用于连接列表各项内容的文本字符。

小例子：

- Text.Combine({"Excel", " 到 ", "PowerBI"},"-")
- 结果：Excel- 到 -PowerBI

小勤：啊，这个函数真好用，刚开始看到那一长串代码的时候还觉得挺害怕的，原来只要改那么一点地方就好了。

大海：嗯，一般来说，日常的工作中用 Power Query 很少需要写太复杂的公式（当然，如果你想继续深入学习并希望解决一些特别复杂的问题，则可以进一步地去研究），而只需要通过操作生成公式的主体，然后稍为改一下就好了，所以，最重要的是学会看懂操作生成的公式里的每一个参数是什么意思，知道怎么去改。

小勤：以后我操作时也多注意一下。

4.8 根据关键词匹配查找对应内容

小勤：大海，公司现在要对产品根据关键词进行分类，有同事写了个公式，不是很复杂，但基本效果实现了，如图 4-34 所示。

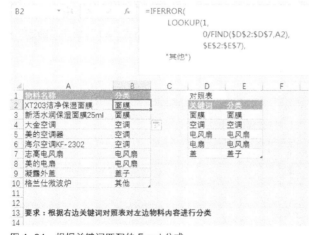

图 4-34 根据关键词匹配的 Excel 公式

大海：嗯。这个公式写得很巧妙啊，将 LOOKUP 函数用得炉火纯青！

小勤：但这个公式有个问题——关键词分类对照表增加内容后得重新调整公式，因为公式的引用范围只能是对全部分类表的绝对引用，不能引用空行进行预留扩展。

大海：这倒是。因为预留空值就都得不到结果了。

小勤：那怎么办呢？

大海：这种问题用 Power Query 处理比较合适，操作也不复杂，关键是能随数据一键刷新。

Step 01 以仅创建链接的方式获取关键词分类对照表数据（注意，最后不需要上载关键词分类对照表的数据）到 Power Query，然后添加自定义列用于与待分类表做连接合并：切换到"添加列"选项卡，单击"自定义列"按钮，如图 4-35 所示。

在弹出的对话框中，按需要修改新列名（如"拼接"）并输入公式"=1"，单击"确定"按钮，如图 4-36 所示。

图 4-35　添加自定义列　　　　图 4-36　输入自定义列的公式

Step 02 获取待分类表数据到 Power Query 后，添加自定义列，用于与关键词分类对照表做连接合并：切换到"添加列"选项卡，单击"自定义列"按钮，如图 4-37 所示。

在弹出的对话框中，按需要修改新列名（如"拼接"）并输入公式"=1"，单击"确定"按钮，如图 4-38 所示。

图 4-37　添加自定义列　　　　图 4-38　输入自定义列的公式

Step 03 用前面添加的自定义字段进行数据合并：切换到"开始"选项卡，单击"合并查询"按钮，如图 4-39 所示。

图 4-39　合并查询

在弹出的对话框中，选择"对照表"并依次选择两表中的"拼接"列作为匹配列，在"联接种类"中默认选择"左外部（第一个中的所有行，第二个中的匹配行）"，单击"确定"按钮，如图 4-40 所示。

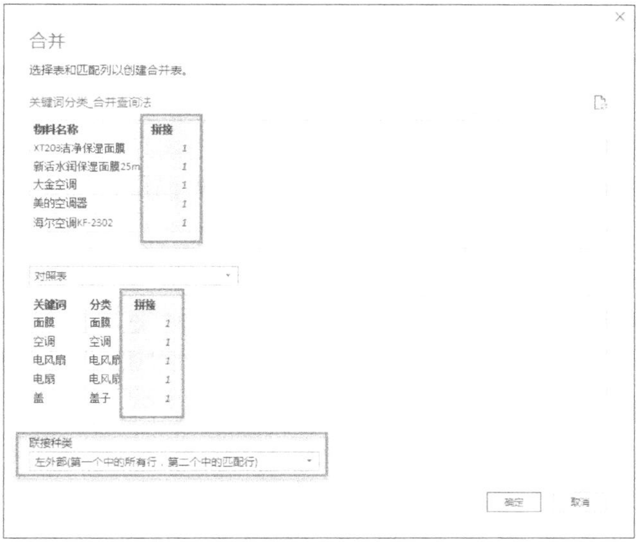

图 4-40　设置合并查询的选项

Step 04 展开合并表：单击合并列右侧的数据展开按钮，在弹出的对话框中取消勾选"拼接"复选框，单击"确定"按钮，如图 4-41 所示。

Step 05 添加自定义列，判断待分类内容是否包含关键词：切换到"添加列"选项卡，单击"自定义列"按钮，在弹出的对话框中按需要修改新列名（如"包含关键词"），并输入公式"Text.Contains([物料名称],[NewColumn. 关键词])"，即用于判断当前行的"物料名称"中的内容是否包含"NewColumn. 关键词"中的内容，单击"确定"按钮，如图 4-42 所示。

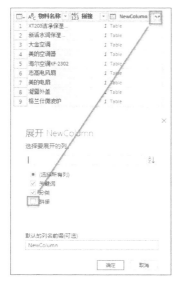

图 4-41　展开合并查询数据　　　　　　　图 4-42　添加自定义列

Text.Contains 函数的说明如下。

Text.Contains（文本参数1，文本参数2）

- 文本参数 1：待判断内容，必须是文本格式的内容。
- 文本参数 2：是否被包含的内容，必须是文本格式的内容。

该函数判断文本参数 1 是否包含文本参数 2。如果包含，则返回是（True）；如果不包含，则返回否（False）。

如：Text.Contains("Excel 到 PowerBI","P")，返回 True。

Step 06 为删除重复项（剔除不包含关键字）做准备：切换到 "开始" 选项卡，选中 "物料名称" 列，单击 "升序排序" 按钮，再选中 "包含关键词" 列，单击 "降序排序" 按钮，如图 4-43 所示。

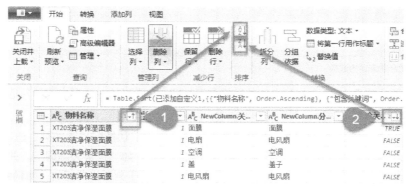

图 4-43　内容排序

通过上述步骤，将相同物料名称包含所有关键词的情况排在一起，并且使得包含关键词的情况排在前面，而不包含的情况排在后面。

Step 07 添加索引列，避免后续删重复行时可能出现错位：切换到"添加列"选项卡，单击"索引列"按钮，如图 4–44 所示。

说明：Power Query 对数据进行排序操作仅影响显示的结果，因此，必须添加索引列（或通过其他函数来进行排序结果的"锁定"），否则后续进行如删除重复项等操作时，可能会得到不是想要的结果。

Step 08 删除重复项：选中"物料名称"列，切换到"开始"选项卡，单击"删除行"按钮，在弹出的菜单中选择"删除重复项"命令，如图 4–45 所示。

图 4–44　添加索引列　　　图 4–45　删除重复项

通过该操作，将每个物料仅保留第一行。如果该物料包含关键词，则保留了关键词行；如果没有包含关键词，也将保留一行，为后续添加"其他"类别做准备。

Step 09 根据是否包含关键词来读取关键词信息或标识为"其他"类别：切换至"添加列"选项卡，单击"自定义列"按钮，在弹出的对话框中按需要修改新列名（如"分类"），输入公式"=if [包含关键词] then [NewColumn. 分类] else" 其他 ""，单击"确定"按钮，如图 4–46 所示。

Step 10 选择要保留的列（删除不需要的列）：切换至"开始"选项卡，单击"选择列"按钮，在弹出的对话框中勾选需要保留的列（如"物料名称"和"分类"），单击"确定"按钮，如图 4–47 所示。

最终结果如图 4–48 所示。

图4-46 添加自定义列

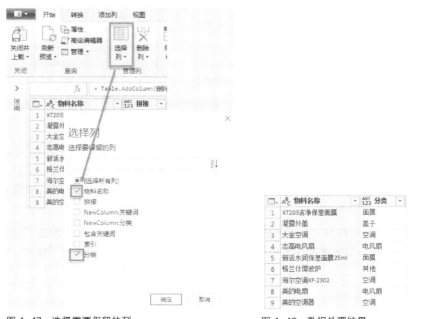

图4-47 选择需要保留的列

	ABC 物料名称	ABC 123 分类
1	XT203洁净保湿面膜	面膜
2	凝露外盖	盖子
3	大金空调	空调
4	志高电风扇	电风扇
5	新活水润保湿面膜25ml	面膜
6	格兰仕微波炉	其他
7	海尔空调KF-2302	空调
8	美的电扇	电风扇
9	美的空调器	空调

图4-48 数据处理结果

小勤：这个步骤挺多的啊，要两表合并再展开，然后再判断删重复……

大海：对。因为现在还没有学习自定义函数的内容，而且又要处理不包含关键词的情况，所以操作步骤比较多。不过这个方法的适用性其实是很强的，比如，在一项内容中包含多个关键词时，通过这种方法也能实现。

小勤：好的，我先抓紧把一些基础函数给练熟。

4.9 最低价客户分组合并分析

小勤：最近公司需要对各类产品的最低价客户情况进行持续观察，大概要求如图 4-49 所示。

大海：前面咱们学会了"动态分组、合并同类项"的方法，再来做这个就简单了。

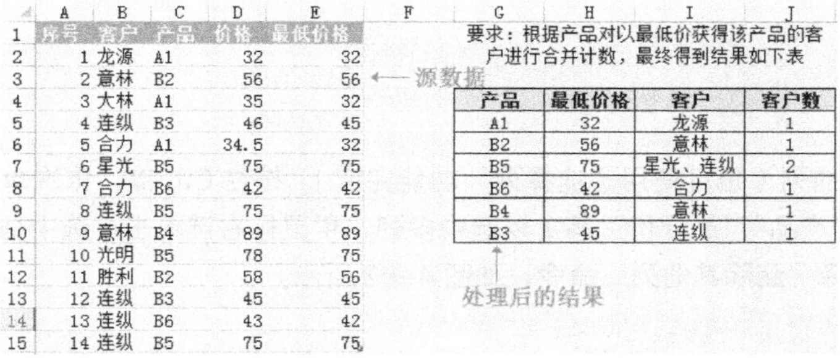

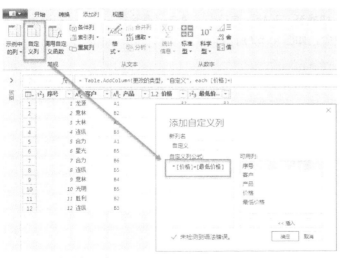

图 4-49 源数据及处理需求

Step 01 判断是否最低价：将数据获取到 Power Query 中，切换至"添加列"选项卡，单击"自定义列"按钮，在弹出的对话框中输入公式"=[价格]=[最低价]"，单击"确定"按钮，如图 4-50 所示。

图 4-50 添加自定义列

Step 02 筛选最低价内容：单击上一步骤中添加的自定义列右侧的筛选按钮，在弹出的对话框中取消勾选"FALSE"复选框，单击"确定"按钮，如图 4-51 所示。

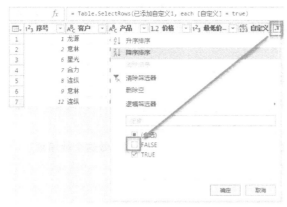

图 4-51　筛选所需数据

Step 03 删除不必要的列（也可使用"选择列"功能完成）：按住 Ctrl 键，依次单击需要保留的列（如"客户""产品""最低价"等）以选中多列，用鼠标右键单击已选中列的列名处，在弹出的菜单中选择"删除其他列"命令，如图 4-52 所示。

图 4-52　删除其他列

Step 04 选中所有列，切换至"开始"选项卡，单击"删除行"按钮，在弹出的下拉菜单中选择"删除重复项"命令，如图 4-53 所示。

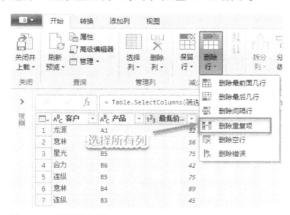

图 4-53　删除重复项

Power Query和Power Pivot实战

Step 05 分组：选中"产品"列，切换至"转换"选项卡，单击"分组依据"按钮，如图 4-54 所示。

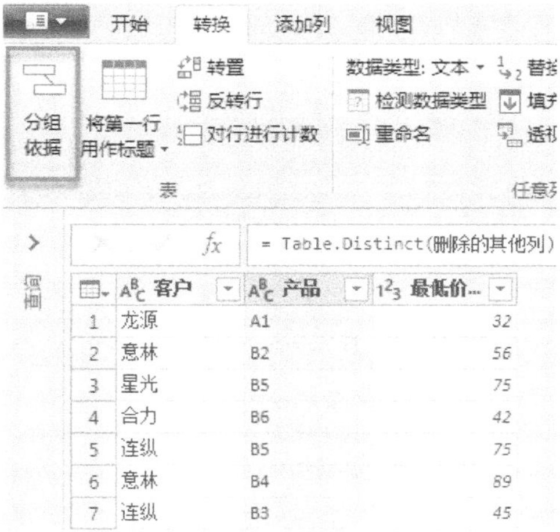

图 4-54　分组依据

在弹出的对话框中，选择"高级"选项，此时，分组依据中存在"产品"分组，单击"添加分组"按钮，在新增的"分组依据"下拉列表框中选择"最低价格"，完成分组依据的添加。然后，通过单击"添加聚合"按钮可按需要添加多个聚合计算列（本例中共两个），分别将新列名修改为"客户"及"客户数"，在"操作"下拉列表框中选择"求和"及"对行进行计数"，在"列"下拉列表框中选择"客户"及留空，单击"确定"按钮，如图 4-55 所示。

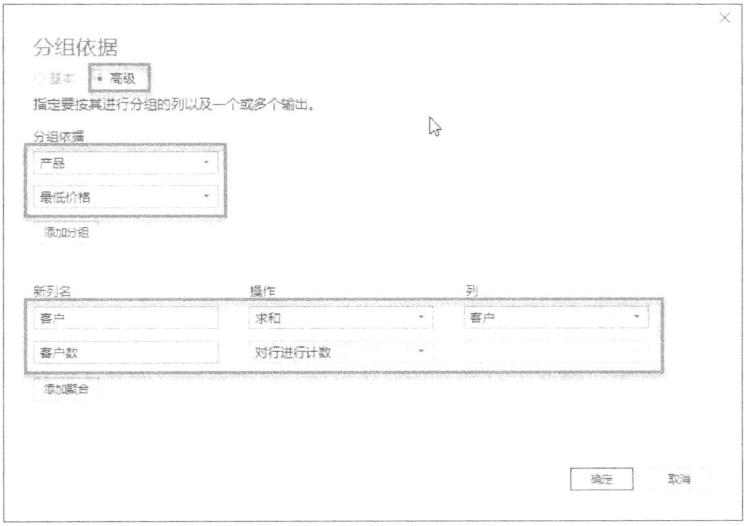

图 4-55　设置分组选项

Step 06 在公式编辑栏中将"List.Sum([客户])"修改为"Text.Combine([客户], "、")",
如图 4–56 所示。

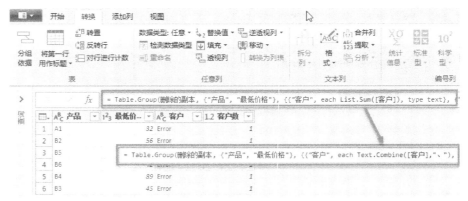

图 4-56　修改分组公式

最终结果如图 4–57 所示。

	A^B_C 产品	1²₃ 最低价...	A^B_C 客户	1.2 客户数
1	A1	32	龙源	1
2	B2	56	意林	1
3	B5	75	星光、连纵	1
4	B6	42	合力	1
5	B4	89	意林	1
6	B3	45	连纵	1

图 4-57　数据处理结果

　　小勤：现在越来越感觉到 Power Query 做综合数据整理的强大了，通过把这些基本功能整合到一起，就能实现各种各样的数据处理功能，并且以后都能一键刷新。

　　大海：对，这就是 Power Query 相对 Excel 的多步骤操作或公式的优势。在 Excel 里对于需要经过多步骤处理的数据，很难做到一键刷新，有时候还需要写一些难度很高的公式。而相比 VBA 来说，Power Query 更容易学，而且每个步骤都非常清晰易懂。

4.10　将区间形式的数据转为规范数据

　　小勤：大海，公司里有个表，财务人员录入数据的时候，为了方便将连续的车牌号按范围的方式录入，比如 GB500216~GB5000235，因为前面 6 位都是一样的，所以他们直接录成了"GB500216–0235"。但后面做数据分析时，还要根据具体的车牌号去匹配其他内容，所以要将每个车牌都分成一个单独的行，形成规范的数据清单，如图 4-58 所示。

	B	C	D	E
1	车号		订单编号	车号
2	GB500216-0235		NJ16030082	GB500216
3	GC500064-0068		NJ16030082	GB500217
4	GC700002-0011		NJ16030082	GB500218
5	GC500095-0104		NJ16030082	GB500219
6	G4600128-0135		NJ16030082	GB500220
7	GU100001-0010		NJ16030082	GB500221
8	GJ400028-0032		NJ16030082	GB500222
9	GL900367-0386		NJ16030082	GB500223
10	GM800562-0571		NJ16030082	GB500224
11	GE300169-0187		NJ16030082	GB500225
12	GH600280-0285		NJ16030082	GB500226
13	G4600046-0051		NJ16030082	GB500227
14	G4600136-0151		NJ16030082	GB500228
15	GH600254-0262		NJ16030082	GB500229
16	GM800583-0588		NJ16030082	GB500230
17	GJ800039-0053		NJ16030082	GB500231
18	GM800574-0578		NJ16030082	GB500232
19	GL900357-0366		NJ16030082	GB500233
20	GM800452-0456		NJ16030082	GB500234
21	GM800504-0511		NJ16030082	GB500235
22	GA600229-0233		NJ16030085	GC500064
23	GH600243-0248		NJ16030085	GC500065
24	GA100424-0428		NJ16030085	GC500066

图 4-58 待转换数据及结果要求

大海：这种简略录入的方式还真是挺常见的，但会给后续的数据分析造成很大的麻烦。

小勤：那用 Power Query 能解决吗？

大海：当然可以啊。步骤可能稍微多一点儿，但不难。

`Step 01` 将数据获取到 Power Query 中后，用鼠标右键单击“车号”列的列名，在弹出的菜单中选择“拆分列”→“按分隔符”命令，在弹出的对话框中选择“自定义”选项，输入分隔符“-”，单击“确定”按钮，如图 4-59 所示。

`Step 02` 用鼠标右键单击“车号.1”列的列名，在弹出的菜单中选择“拆分列”→“按字符数”命令，在弹出的对话框中输入字符数“4”，勾选“一次，尽可能靠右”单选框，单击“确定”按钮，如图 4-60 所示。

`Step 03` 根据分列出来的车牌号开始数和结束数构造连续的列表（List）：切换到“添加列”选项卡，单击“自定义列”按钮，在弹出的对话框中输入公式“={[车号.1.2]..[车号.2]}”，单击“确定”按钮，如图 4-61 所示。

`Step 04` 单击新添加列（本例为“Custom”）列名右侧的展开按钮，在下拉菜单中选择“扩展到新行”命令，如图 4-62 所示。

图 4-59　按分隔符分列

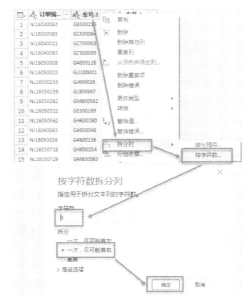

图 4-60　按字符数分列

图 4-61　通过公式生成序列列表

图 4-62　展开生成的列表

Step 05 将展开的数列格式转换为文本，以便后续可填 "0" 补成 4 位的文本：选中 "Custom" 列，切换到 "转换" 选项卡，单击 "数据类型" 按钮，在下拉菜单中选择 "文本" 命令，如图 4-63 所示。

图 4-63　将数值转换为文本

Step 06 将"Custom"列的内容以"0"为前缀补全成长度为 4 的文本：切换到"添加列"选项卡，单击"自定义列"按钮，在弹出的对话框中按需要修改列名，并输入公式"=Text.PadStart([Custom],4,"0")"，单击"确定"按钮，如图 4-64 所示。

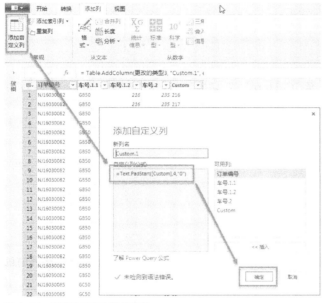

图 4-64　用函数对文本补足位数

Text.PadStart 函数的说明如下。

Text.PadStart（文本，长度，补足使用字符）

- 参数 1（文本）：待修整的文本，本例中为前面构造并转换为文本格式的数列。
- 参数 2（长度）：文本的修整长度，本例中为 4。
- 参数 3（补足使用字符）：长度不足时用于补足空位的字符，本例中为"0"。如果省略，则默认为空格。

小例子：

- Text.PadStart("xyz",5,"a")
- 结果为：aaxyz

Step 07 按住 Ctrl 键依次单击以选中需要合并的"车号 .1.1"和"Custom.1"列，切换到"转换"选项卡，单击"合并列"按钮，在弹出的对话框中选择分隔符为"—无—"，输入新列名"车号"，单击"确定"按钮，如图 4-65 所示。

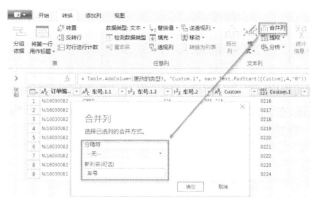

图 4-65　合并列

Step 08 选中"车号 .1.2"至"Custom"列，切换到"开始"选项卡，单击"删除列"按钮，在弹出的下拉菜单中选择"删除列"命令，如图 4-66 所示。

图 4-66　删除不必要的列

小勤：真好，又轻松处理了。虽然其中要先构造数列并写一个函数，但都比较简单，学起来也不难。

大海：对，这些函数其实你也只要记住一些常用的就可以了，其他的不用专门去记，知道有它们的存在，需要的时候查一下帮助文件就可以了。

小勤：就像 Excel 函数一样，学几十个基本的就可以了？

大海：对。你可以对照着 Excel 里的常用函数，到 Power Query 的文档里找对应的函数先学起来，然后再根据工作需要深入学习 Power Query 里的特有函数，相信你会很快就掌握了。

小勤：对照着学的方法太好了，谢谢您的建议！

第5章
M 函数进阶

5.1　理解 Power Query 里的数据结构 1：总体结构

小勤：大海，怎么感觉 Power Query 里的数据结构跟 Excel 里的工作表是不一样的啊，但又说不出来哪里不一样。

大海：要深入学习 M 函数部分，的确需要更加深入了解 Power Query 里的数据是怎么构成的。还是先拿一个简单的例子来看 Power Query 里的总体数据结构。

首先，我们创建一个查询，比如订单表：在 Excel 中单击订单表内的任意单元格，切换至"数据"选项卡，单击"从表格"按钮，在弹出的对话框中单击"确定"按钮，如图 5-1 所示。

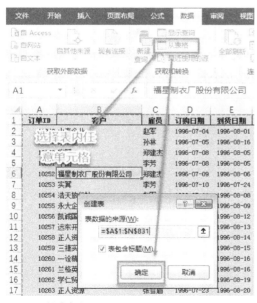

图 5-1　新建查询

这个时候，Power Query 里就有了一个查询（注意按需要修改查询名字），显示出来两个查询步骤、一张结果表，如图 5-2 所示。

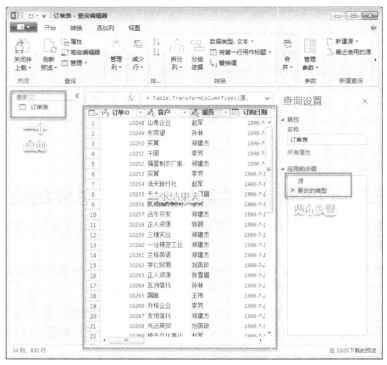

图 5-2　Power Query 数据结构示意图

关掉查询编辑器，再添加一个查询（比如订单明细表）：在 Excel 中单击订单明细表内的任意单元格，切换至"数据"选项卡，单击"从表格"按钮，在弹出的对话框中单击"确定"按钮，如图 5-3 所示。

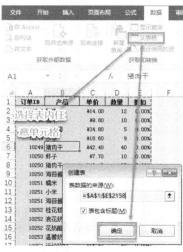

图 5-3　新建查询

然后，将订单明细表与订单表进行合并查询操作：选中"订单明细表"查询，切换至"开始"选项卡，单击"合并查询"按钮，在弹出的下拉菜单中选择"合并查询"命令，在弹出的对话框中选择"订单表"并依次单击两张表中的"订单 ID"列作为匹配条件，单击"确定"按钮，如图 5-4 所示。

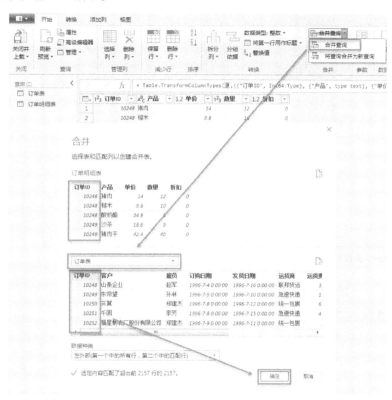

图 5-4　合并查询

得到的结果如图 5-5 所示。

其中：

- 工作簿里有两个查询，一个订单表，一个订单明细表。
- 每个查询里有多个步骤。
- 最后的步骤对应着一张结果表，在 Power Query 里也叫"表"（Table）。
- 结果表里有很多行，在 Power Query 里称作"记录"（Record）或者"行"（Row）；还有很多列，在 Power Query 里叫"列表"（List）。
- 行列交叉形成很多很多的"单元格"。
- "单元格"里有各种内容，如文本、数字、表等，在 Power Query 里统称为"值"（Value）

总之，形成一个层层嵌套的结构，如图 5-6 所示。

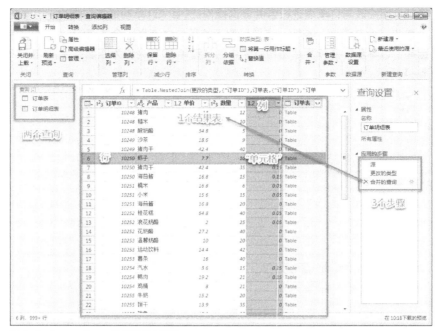

图 5-5　Power Query 数据结构示意图

图 5-6　Power Query 数据结构及关系

小勤：这个主体结构感觉跟 Excel 里的表也挺像，但是，Power Query 里的"单元格"貌似不像 Excel 里的单元格那么简单啊！你看合并过来的数据，一个单元格里实际是一张表（Table）？

大海：对，这是一个很特别的地方，Power Query 的单元格里可能是各种内容，一个表、一行、一列、一个值等。实际上你也可以查看它的内容，即使是一张表，可以单击任意一个"单元格"中空白的地方,在 Power Query 操作界面的下方会显示这个"单元格"中的详细内容,如图 5-7 所示。

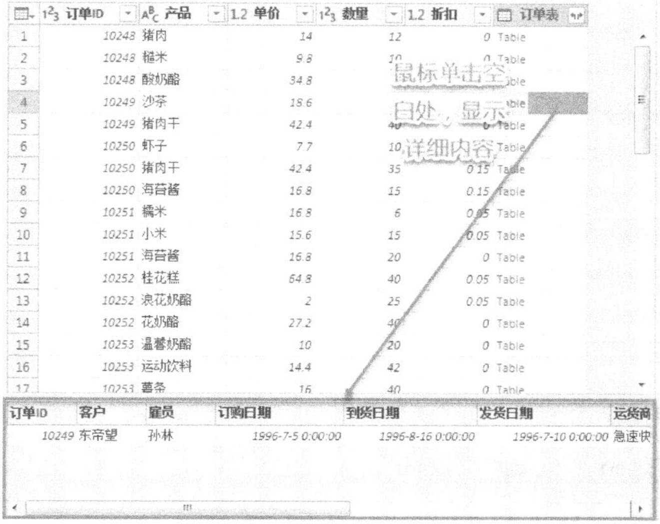

图 5-7 显示详细信息

除此之外,前面的每一个步骤实际上都形成了一张表,而且这些表在后面的步骤里都是可以按需要调用的,并不是有了后面的步骤前面的表就不存在了。比如,虽然现在生成了合并查询的结果,但还是想显示前面某个步骤的结果,可以切换到"开始"选项卡,单击"高级编辑器"按钮,在弹出的对话框中的"in"后面将步骤名称修改为希望显示的某个步骤的名称(如本例中将"合并的查询"修改为"更改的类型"),如图 5-8 所示。

图 5-8 修改前的代码

修改后的代码如图 5-9 所示。

图 5-9　修改后的代码

得到的结果如图 5-10 所示。

	1²₃ 订单ID	Aᴮ꜀ 产品	1.2 单价	1²₃ 数里	1.2 折扣
1	10248	猪肉	14	12	0
2	10248	糙米	9.8	10	0
3	10248	酸奶酪	34.8	5	0
4	10249	沙茶	18.6	9	0
5	10249	猪肉干	42.4	40	0
6	10250	虾子	7.7	10	0
7	10250	猪肉干	42.4	35	0.15
8	10250	海苔酱	16.8	15	0.15
9	10251	糯米	16.8	6	0.05
10	10251	小米	15.6	15	0.05
11	10251	海苔酱	16.8	20	0
12	10252	桂花糕	64.8	40	0.05
13	10252	浪花奶酪	2	25	0.05
14	10252	花奶酪	27.2	40	0
15	10253	温馨奶酪	10	20	0
16	10253	运动饮料	14.4	42	0
17	10253	薯条	16	40	0
18	10254	汽水	3.6	15	0.15
19	10254	鸭肉	19.2	21	0.15
20	10254	鸡精	8	21	0
21	10255	牛奶	15.2	20	0
22	10255	饼干	13.9	35	0

图 5-10　代码修改后的结果

　　同时，这里隐藏着一个很重要的信息——每一个步骤的名称实际上就是这个步骤得到的结果表的名称！

　　这一点在 Power Query 里是非常重要的。在后续的步骤中，如果需要调用前面步骤的结果，则可以通过该步骤名称（即相当于表名称）取得相关内容。

　　小勤：原来这样啊！这个太灵活了，也感觉好绕啊！

大海：对，这个理解起来是有点儿费劲，不过后续我们再通过一些其他的例子来练一练就不难理解了。

小勤：好的。

5.2　理解 Power Query 里的数据结构 2：行、列引用

小勤：5.1 节对 Power Query 的数据结构做了一个总体的介绍，那在 Power Query 里怎样获取到一行、一列，甚至一个"单元格"里的值呢？

大海：每个查询步骤的名称其实就是表名，有了表名之后，就可以在这个表名的基础上获取行（Record）、列（List）及"单元格"的内容了。我们接着 5.1 节的案例来练习。

首先是行的内容，用大括号括住行标（从 0 开始），比如要取第 1 行的内容，则可以添加一个自定义列将其显示出来：切换到"添加列"选项卡，单击"自定义列"按钮，在弹出的对话框中按需要修改列名，并输入公式"= 合并的查询 {0}"，单击"确定"按钮，如图 5-11 所示。

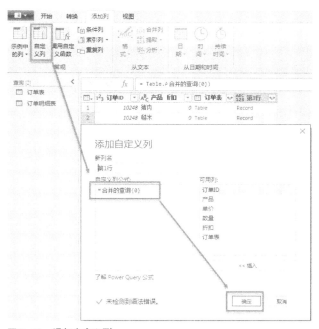

图 5-11　添加自定义列

结果如图 5-12 所示。在添加的列里，每个"单元格"的内容都是一个 Record，都是步骤"合并的查询"结果里第 1 行的内容。

如果要取某一列的内容，则用中括号括住列名，比如获取"合并的查询"结果表里的"产品"列：切换至"添加列"选项卡，单击"自定义列"按钮，在弹出的对话框中按需要修改新列名（如

"产品列"），并输入公式"= 合并的查询 [产品]"，单击"确定"按钮，如图 5-13 所示。

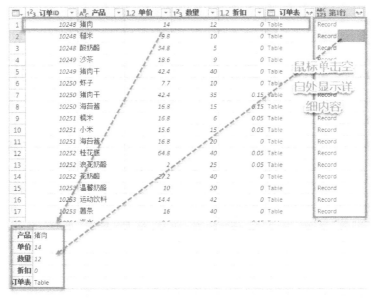

图 5-12　引用行内容的结果

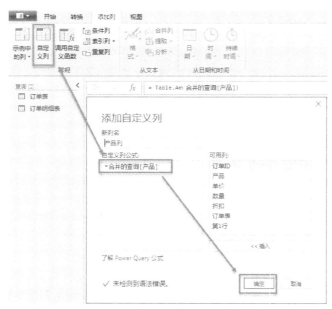

图 5-13　添加自定义列

结果如图 5-14 所示。其中，新添加列里的每一个"单元格"里都是一个 List，即合并查询表里的"产品"列里的所有内容。

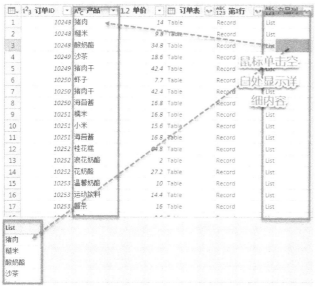

图 5-14　引用列内容结果

那么，要取某一个"单元格"的内容呢？采用行跟列取法的组合方法，比如获取"合并的查询"结果表的第 1 行"产品"列的内容：切换至"添加列"选项卡，单击"自定义列"按钮，在弹出的对话框中按需要修改新列名（如"第 1 行产品"），并输入公式"= 合并的查询 {0}[产品]"，单击"确定"按钮，如图 5-15 所示。

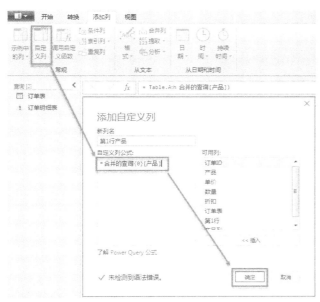

图 5-15　添加自定义列

结果如图 5-16 所示。其中，新添加列里每一个"单元格"的内容都是第 1 行"产品"的内容。

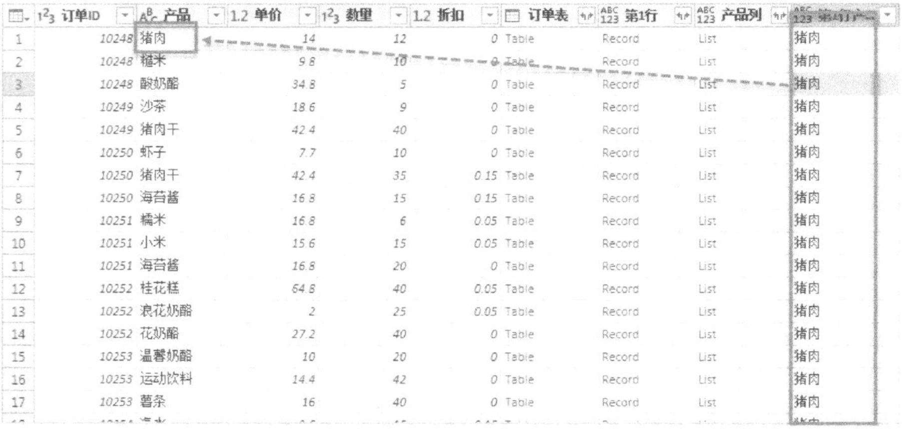

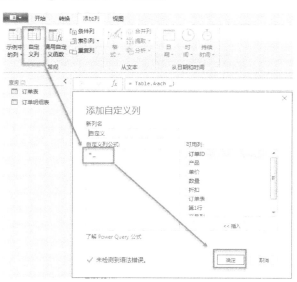

图 5-16　引用单元格内容的结果

小勤：我大概理解了，但现在都是取某一个固定行的内容，怎么动态地去取行的内容呢？比如要取当前行的内容。

大海：Power Query 里有一个很特殊的字符——英文下画线（ _ ），表示当前内容，比如要引用当前行，可以切换到"添加列"选项卡，单击"自定义列"按钮，在弹出的对话框中输入公式"=_"，如图 5-17 所示。

图 5-17　添加自定义列

结果如图 5-18 所示。新建列里每个"单元格"的内容就是当前行的内容。

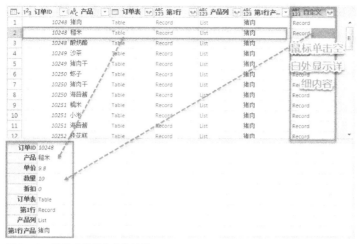

图 5-18　引用当前行内容的结果

小勤：啊！原来这样！这下画线也太神奇了吧！

大海：是啊！这个下画线的应用十分灵活，很难通过几句话来简单解析清楚，后面我们会结合更多的实际案例去慢慢体会。

小勤：好的。那怎么引用当前行某列里的内容呢？

大海：这个用直接用列名就可以，以前很多公式里其实都是这么直接用的，比如获取当前行的"单价"：切换到"添加列"选项卡，单击"自定义列"按钮，在弹出的对话框中输入公式"=[单价]"，如图 5-19 所示。

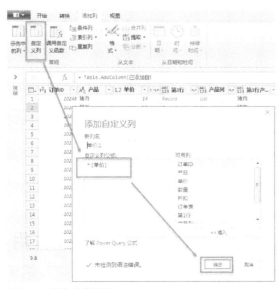

图 5-19　添加自定义列

另外，前面咱们说了下画线表示当前行，所以，取当前行的单价，也可以用公式"=_[单价]"，如图 5-20 所示。

图 5-20　取当前行特定列内容方法二

用这两种方法得到的结果是一样的，如图 5-21 所示。

□▾	▾	A^BC 产品 ▾	1.2 单价 ▾	1²₃ 数里 ▾	123 单价.1 ▾	123 当前行… ▾
1	10248	猪肉	14	12	14	14
2	10248	糙米	9.8	10	9.8	9.8
3	10248	酸奶酪	34.8	5	34.8	34.8
4	10249	沙茶	18.6	9	18.6	18.6
5	10249	猪肉干	42.4	40	42.4	42.4
6	10250	虾子	7.7	10	7.7	7.7
7	10250	猪肉干	42.4	35	42.4	42.4
8	10250	海苔酱	16.8	15	16.8	16.8
9	10251	糯米	16.8	6	16.8	16.8
10	10251	小米	15.6	15	15.6	15.6
11	10251	海苔酱	16.8	20	16.8	16.8
12	10252	桂花糕	64.8	40	64.8	64.8
13	10252	浪花奶酪	2	25	2	2
14	10252	花奶酪	27.2	40	27.2	27.2
15	10253	温馨奶酪	10	20	10	10
16	10253	运动饮料	14.4	42	14.4	14.4
17	10253	薯条	16	15	16	16
18	10254	汽水	3.6	15	3.6	3.6
19	10254	鸭肉	19.2	21	19.2	19.2
20	10254	鸡精	8	21	8	8

图 5-21　取当前行特定列内容的结果

小勤：原来这样。这个我真要自己动手练一练。

5.3　理解 Power Query 里的数据结构 3：跨行引用

小勤：前面学习了行、列、"单元格"的基本引用方法，但只能引用当前行。实际上在做数据处理时经常要获取其他行的内容和当前行做对比，怎么做呢？

大海：嗯，这的确是 Excel 里处理数据时的常见情况，比如对当前行和上一行内容进行比较。这里举例子来说明怎么灵活地引用其他行来与当前行进行比较。

假设要判断某列当前行是否与上一行的内容一致，则需要在当前行引用上一行的内容。在 Excel 里直接选择单元格即可，但 Power Query 里需要借助索引列来定位。因此，在 Power Query 里，首先切换到"添加列"选项卡，单击"索引列"按钮以添加索引列，如图 5-22 所示。

有了索引列后，就可以根据索引来获得不同位置的行，比如要取上一行的姓名，可以切换到"添加列"选项卡，单击"自定义列"按钮，按需要修改新列名（如"上一行姓名"），并输入公式"= 已添加索引 {[索引]-1}[姓名]"，单击"确定"按钮，如图 5-23 所示。

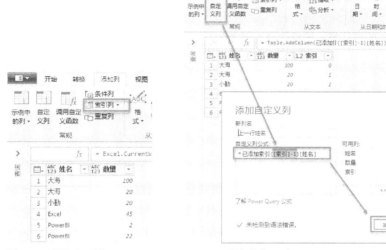

图 5-22 添加索引列　　　图 5-23 添加自定义列

这样，通过 {[索引]-1} 的方式取得了上一行的内容，结果如图 5-24 所示。

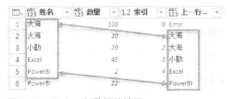

图 5-24 取上一行数据的结果

当然，其中第 1 行因为没有上一行，所以出现了错误值。如果需要对错误值进行处理，可以加上 try…otherwise…语句，将上一步骤的公式修改为"=try 已添加索引 {[索引]-1}[姓名] otherwise """"，如图 5-25 所示。

图 5-25　完善自定义列公式

结果如图 5-26 所示，第一行错误值已被置空。

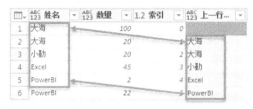

图 5-26　完善后的取上一行数据的结果

小勤：我理解了，实际就是加一个索引列，然后就可以通过索引列增加或减少一定的量作为行标（位置）实现动态地引用。

大海：对。

5.4　理解 Power Query 里的数据结构 4：根据内容定位及筛选行

小勤：有没有办法像筛选一样去定位一个表里的信息呢？而不是非得用行标，比如定位到图 5-27 所示表中姓名为"大海"的行。

大海：Power Query 里提供了根据内容直接定位记录的机制，但是，因为它是对记录（行）的定位，所以仅针对有唯一记录的情况。如果是多个记录，则不是定位的概念，而是筛选的概念，需要用函数 Table.SelectRows 来实现。

小勤：那针对唯一记录定位的方法是怎样的呢？

大海：比如定位姓名为"小勤"的记录，它是唯一的，可以用公式 "= 源 {[姓名 =" 小勤 "]}"（如图 5-28 所示），即用"[字段名 = 内容]"的判断方式代替行标。

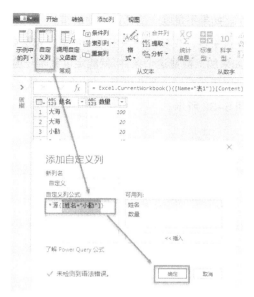

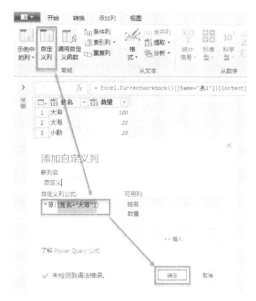

图 5-27　示例数据　　　图 5-28　添加自定义列

小勤：那定位"大海"的呢？

大海：将公式修改为"= 源 {[姓名 =" 大海 "]}"，如图 5-29 所示。你看，出错了，同时可以看到错误提示信息，如图 5-30 所示。

图 5-29　修改公式　　　图 5-30　错误提示信息

小勤：是不是这个意思？表名加大括号内行标的方式，实际上大括号内应该是一个能唯

一标识某一行内容的条件。如果不是唯一的话，就会出错。

大海：对。所以，反过来说，只要能标识出唯一的值，那么就可以正确定位。比如，表里的"大海"有两行，但如果加上数量这个条件，就能定位到唯一值。如定位到姓名为"大海"且数量为"20"的行，可以用公式"= 源 {[姓名 =" 大海 ", 数量 =20]}"，如图 5-31 所示。

结果就是对的，如图 5-32 所示。

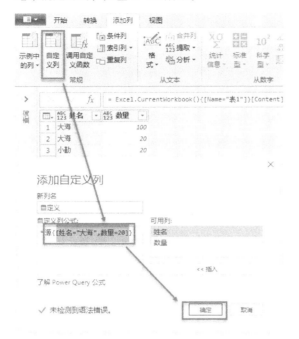

图 5-31　添加自定义列

图 5-32　数据引用的结果

小勤：那如果是要得到筛选的内容呢？比如获得所有姓名为"大海"的行。

大海：可以用函数 Table.SelectRows 来实现，比如从"源"表里获得所有姓名为"大海"的行，可以输入公式"= Table.SelectRows(源 ,each [姓名]=" 大海 ")"，如图 5-33 所示。

函数 Table.SelectRows 能根据条件筛选出一个表里的符合条件的行。具体说明如下。

`Table.SelectRows(` 表 , 筛选条件 `)`

- 表：要进行筛选的表。
- 筛选条件：用于筛选行的条件。

结果如图 5-34 所示。

小勤：原来定位行跟筛选行还有这样的差别，定位行实际得到的是一个行记录，而筛选实际得到的是一张表。

大海：对，即使筛选的结果只有一行数据，那得到的也是一个表。

图 5-33　添加自定义列

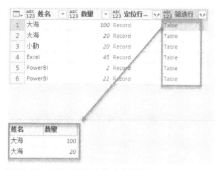

图 5-34　表筛选函数的应用结果

5.5　理解 Power Query 里的数据结构 5：跨查询的表引用

小勤：大海，前面说到一个工作簿里有多个查询，那可以跨查询引用吗，比如在"订单明细表"查询里引用"产品表"查询的结果？如图 5-35 所示。

	1²₃ 订单ID	A^BC 产品	1.2 单价	1²₃ 数量	1.2 折扣
1	10248	猪肉	14	12	0
2	10248	糙米	9.8	10	0
3	10248	酸奶酪	34.8	5	0
4	10249	沙茶	18.6	9	0
5	10249	猪肉干	42.4	40	0
6	10250	虾子	7.7	10	0
7	10250	猪肉干	42.4	35	0.15
8	10250	海苔酱	16.8	15	0.15
9	10251	糯米	16.8	6	0.05
10	10251	小米	15.6	15	0.05
11	10251	海苔酱	16.8	20	0
12	10251	桂花糕	16.8	6	0.05
13	10252	桂花糕	64.8	40	0.05
14	10252	浪花奶酪	2	25	0.05

图 5-35　跨查询引用需求

大海：当然啊，做合并查询实际上就是引用另一个查询的内容，只是因为是通过鼠标操作的，所以你没有注意它是怎么引用的而已。

小勤：也是啊，我做一个合并查询看看：选中"订单明细表"查询，切换至"开始"选项卡，单击"合并查询"按钮，在弹出的下拉菜单中选择"合并查询"命令，在弹出的对话框中选择"产品表"，并依次单击订单明细表中的"产品"及产品表中的"产品名称"列作为匹配条件，单击"确定"按钮，如图 5-36 所示。

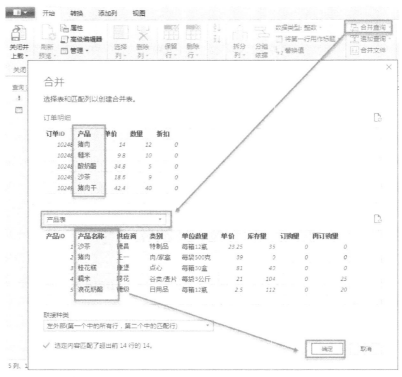

图 5-36　合并查询

莫非生成公式里的"产品表"就是跨查询的引用方法？如图 5-37 所示。

```
= Table.NestedJoin(更改的类型,{"产品"},产品表,{"产品名称"},"产品表",JoinKind.LeftOuter)
```

图 5-37　合并查询操作生成的代码

大海：对，只用查询的名称，就能对另一个查询的结果进行引用。比如，可以直接新建一个查询，然后引用另一个查询：切换到"开始"选项卡，单击"新建源"按钮，在弹出的下拉菜单中选择"其他源"→"空查询"命令，如图 5-38 所示。

在新建的空查询公式编辑器中输入公式"= 产品表"后按 Enter 键，结果如图 5-39 所示。

图 5-38 新建空查询

	ABC 123 产品ID	ABC 123 产品名...	ABC 123 供应商	ABC 123 类别	ABC 123 单位数...
1	1	沙茶	德昌	特制品	每箱12瓶
2	2	猪肉	正一	肉/家禽	每袋500克
3	3	桂花糕	康堡	点心	每箱30盒
4	4	糯米	菊花	谷类/麦片	每袋3公斤
5	5	浪花奶酪	德级	日用品	每箱12瓶
6	6	虾子	普三	海鲜	每袋3公斤
7	7	糙米	康美	谷类/麦片	每袋3公斤
8	8	猪肉干	涵合	特制品	每箱24包
9	9	小米	宏仁	谷类/麦片	每袋3公斤
10	10	海苔酱	康富食品	调味品	每箱24瓶
11	11	酸奶酪	福满多	日用品	每箱2个

图 5-39 跨查询引用

所以，可以在任意查询里直接用名称实现对另一个查询结果表的引用。这一点非常有用。

小勤：太好了！这样的话跨查询引用就太方便了。对了，能不能引用另一个查询里的某个步骤，而不是最后的结果表？

大海：不行。如果真碰到类似的特殊需求，那也可以复制一个查询出来，然后把那个步骤后面的步骤删掉。

小勤：嗯。

5.6　模拟 Excel 中的 Trim 函数，练一练多函数的嵌套

小勤：大海，我在用 Text.Trim 函数删除文本中的空格时，怎么感觉和 Excel 里的 TRIM 函数有点差别？但具体差别在哪里又说不清楚。难道是显示问题吗？如图 5-40 所示。

图 5-40　函数结果差异对比

大海：呵呵，这也让你碰到了。这不是显示问题，实际上，Excel 里的 TRIM 函数和 Power Query 里的就是有一点差别的：

- Excel 里的 Trim 函数，不仅将两端的空格去掉，还会将文本内部连续的多个空格删到只剩下一个空格；
- Power Query 里的 Text.Trim 函数，仅仅将两端的空格去掉，文本内部的所有空格保留原样。

小勤：啊！原来这样啊！怪不得看起来不太一样呢。

大海：一般碰到这种情况的机会不多，在分析数据时，大多数时候是不应该改动文本内部的符号情况的，或者将空格全部替换掉。从这个角度来说，Power Query 里的做法更加严谨一点。

小勤：那在 Power Query 里能做到像 Excel 那样将内部空格归为一个吗？

大海：当然可以的，但需要几个函数结合着用。大概思路如下：

（1）将文本按空格拆分成一个 List：Text.Split。

（2）对拆分后的文本 List 进行筛选，只保留不是空值（原文本中的空格拆分出来的内容）的部分：List.Select 或 List.RemoveItems。

（3）对筛选后的内容用空格再合并：Text.Combine。

小勤：啊。思路倒是挺清晰的，但写起来挺长的啊。

大海：嗯，的确是这样。不过嵌套公式写起来其实也不难，可以从外往里一层层包住，或者从里往外一层层扩展着写。注意换行缩进，让同一个函数内的参数对齐，就会显得很清晰。

小勤：好的。你看图 5-41 所示的方式怎样？

大海：嗯，不错。另外，List.Select 函数部分还可以用 List.RemoveItems 函数来实现，就是将 List 里内容为空的部分删掉。

小勤：好，我改一下，如图 5-42 所示。

大海：很好！在日常工作中，Power Query 公式虽然有时候写起来比较长，但通常不需要太多的技巧，以后多写写就很容易形成综合应用的思路了。

图 5-41 嵌套缩进的公式一　　　　图 5-42 嵌套缩进的公式二

5.7 自定义函数入门：化繁为简，能所不能

小勤：在前面关于"模拟 Excel 中的 Trim 函数"的内容里，为了实现 Excel 里的 Trim 函数对中间多个空格保留一个的情况，嵌套了好几个函数。如果要经常用，那么每次都嵌套多个函数就会比较麻烦，所以，是否可以写成一个自定义的函数，以便以后调用啊？

大海：当然可以。原来的公式如图 5-43 所示。

小勤：这是其中的 Select 方法，那如果用自定义函数该怎么办？

大海：这个公式里，实际就是将"[内容]"放进来，就会转换为想要的结果，所以，如果把"[内容]"变成一个参数，然后按照 Power Query 的格式给自定义函数加上名字等，那它就变成自定义函数了。具体操作方法如下：

Step 01 进入 Power Query 界面，切换到"开始"选项卡，单击"高级编辑器"按钮，如图 5-44 所示。

图 5-43 长公式

图 5-44 进入高级编辑器

Step 02 修改代码。

（1）复制原公式到高级编辑器的"let"关键字（或某一个步骤）后面，在调用该函数的步骤之前。

（2）增加自定义函数名称、参数格式化语句"MyTrim = (str) =>"（其中，参数名称"str"可以按自己喜好起名）。

（3）将原公式中的"[内容]"改为我们设定的参数名称"str"，修改后的代码如图5-45所示。

图5-45　修改代码

这样，自定义的函数"MyTrim(str)"就写（实际是"改"）好了，单击"已完成"按钮后，在"查询设置"窗口中多了"MyTrim"步骤，如图5-46所示。

当单击"MyTrim"这个步骤时，会出现函数调用的窗口，如图5-47所示。

图5-46　自定义函数增加的查询步骤　图5-47　自定义函数步骤响应

先不管它，看看怎么用。比如在应用的步骤中单击"已添加自定义1"前的"删除"按钮，把原来用长公式的步骤删掉，如图5-48所示。

图 5-48　删除查询步骤

然后，重新添加自定义列：切换到"添加列"选项卡，单击"自定义列"按钮，在弹出的对话框中用我们的函数来写公式"=MyTrim([内容])"，单击"确定"按钮，如图 5-49 所示。

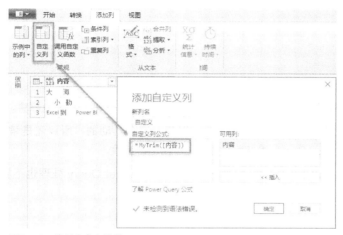

图 5-49　使用自定义函数

得到的结果是一样的，你试一下？

小勤：太好了，以后再要这样用，就可以直接简单地写了。

大海：自定义函数，除能在后续的引用中用起来更加方便外，很多时候还能实现原来函数嵌套无法实现的功能，比如一些复杂的引用和批量的数据处理等。

小勤：刚才是用一个现成的公式直接改的，如果完全自己写怎么办？

大海：首先，要记住 Power Query 里的自定义函数的基本结构：

　　　　函数名 ＝（参数 1，参数 2，…） => 函数体

小勤：这个写法也简单。那再举个小例子？

大海：好的。比如要写一个函数，用来取一个数据表（Table）的第 1 行第 1 列（假设列名为"Column1"）位置的数据，那么，就要将数据表作为参数，写法如下：

```
d_1_1 = (t) => t{0}[Column1]
```

小勤：表作为参数然后可以直接按原来表行列引用的方式写？

大海：其实就是原来的公式怎么写就怎么写，将需要变为参数的地方改为你定义的参数就好了。

小勤：我基本理解了。

5.8 匿名自定义函数，随写随用

小勤：现在有一个按营业额不同等级的提成比例表（如图 5-50 所示），怎么用 Power Query 读到营业额数据表里？

	A	B
1	营业额	提成比例
2	0	5%
3	2000	10%
4	5000	15%
5	8000	20%
6	80000	25%

图 5-50 示例数据

大海：这个问题如果是在 Excel 里处理，则用 LOOKUP 函数可以非常简单地解决。

小勤：这我知道，但我要考虑跟其他数据处理过程都做成全自动的，所以还是考虑用 Power Query 来处理，但 Power Query 里却好像没有 LOOKUP 函数。

大海：虽然 Power Query 里没有 LOOKUP 函数，但是，用 Power Query 处理也不复杂，主要使用 Table.SelectRows 和 Table.Last 函数来实现。公式如下：

```
= Table.Last(
    Table.SelectRows(
        提成比率表,
        (t)=>t[营业额]<=[营业额]
    )
 )[提成比例]
```

在 Power Query 里添加自定义列并输入公式，如图 5-51 所示。

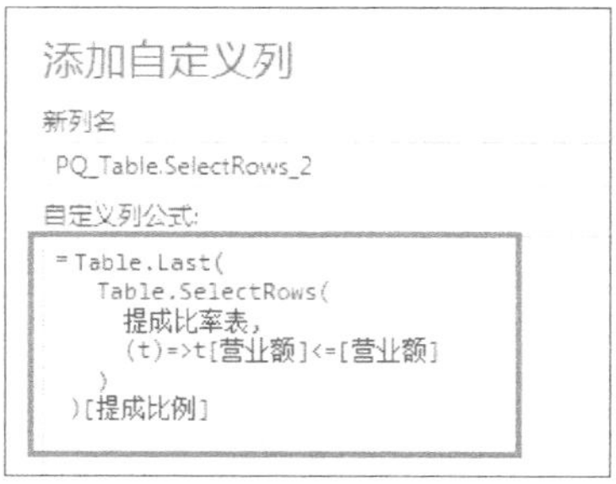

图 5-51 添加自定义列

其实现思路如下：

（1）用 Table.SelectRows 函数筛选提成比率表里营业额小于数据源表当前行营业额的所有数据，类似于在 Excel 中做筛选操作（比如，针对营业额为 2000 元的提成比例，先到提成比例表里筛选出小于或等于 2000 的所有行）。

（2）在 Table.SelectRows 得到相应的结果后，就可以用 Tabe.Last 得到该结果的最后一行。

（3）得到筛选表最后一行后，要取提成比例，则可以直接用"提成比例"字段名来得到。

小勤：那里面为什么有一个"(t)=>t[营业额]<=[营业额]"？

大海：这其实是 Table.SelectRows 进行筛选表操作时的条件，这相当于将一个自定义函数用于做条件判断，其中的"(t)"表示将"提成比率表"作为参数，而"t[营业额]"表示"提成比率表"里的营业额列，而最后面的"[营业额]"指的是数据源表里的营业额。

小勤：但这个自定义函数为什么没有函数名称呢？

大海：这是在函数中直接调用自定义函数的一种简略写法，相当于构造了一个匿名（即没有名字，反正用完就不用了，所以名字也不起了）的自定义函数：

没有名字的函数 = (t)=>t[营业额]<=[营业额]

然后直接调用这个没有名字的函数。

小勤：原来这样，不过这样简写，一下子感觉怪怪的。

大海：没关系，自己动手多写、多体会就熟悉了。如果一时不太熟悉，你也可以先写一个自定义函数，然后直接在 Table.SelectRows 里面进行引用，如图 5-52 所示，就可以调用该自定义函数完成数据的匹配，如图 5-53 所示。

图 5-52　编写自定义函数

图 5-53　调用自定义函数

小勤：这种分开编写自定义函数的感觉好像更容易理解一些。

大海：对，但是，当你通过更多的例子慢慢熟悉了 Power Query 的函数写法时，就会觉得先写函数再调用的方式有点儿多余了。

5.9　批处理的利器：List.Transform

小勤：在 Power Query 里怎么实现批处理啊？比如前面关于整合外部数据源的例子，只接入了一页的数据，能不能多个页面里的数据一起接进来啊？

大海：当然可以。Power Query 里有一个很重要的函数——List.Transform，就是专门用来做批处理的。

先来看一下 List.Transform 函数的基本语法：

```
List.Transform( 列表 , 转换函数 )
```

语法本身很简单，但是，其中的两个参数都非常灵活。

（1）列表：其中的可以是任意的东西，简单到几个数字，复杂到一个个的表，甚至可以是"表中带表"等任何东西。

（2）转换函数：可以简单到只返回一个字符，却又可以复杂到引用各种函数写任何功能强大的函数体。

所以，单纯学会这个函数的用法不难，但要做到灵活运用，就需要在大量的实际案例中练习。下面利用几个例子先让大家对这个函数有一个比较全面的认识。

例 1，给某个列表中的数字都加上 1（简单的对应转换）。

```
= List.Transform({30,40,21,33},each _+1)
```

结果：{31,41,22,34}。

说明：转换函数中的下画线"_"表示输入列表中的每一个（当前计算）元素。

例 2，生成一个带 10 个元素的列表，每个元素的内容均为"A"（生成的内容可以和输入列表完全没有关系）。

```
= List.Transform({1..10}, each "A")
```

结果：{A,A,A,A,A,A,A,A,A,A}。

例 3，将数字 1 ～ 26 转换为字母 A~Z。

```
= List.Transform(
    {1..26},
    each Character.FromNumber(64+_)
)
```

小勤：不对啊，这样看起来，List.Transform 函数的功能是实现一个列表到另一个列表的转换，即输入一个列表，相应地得到另一个列表。这和批量操作有什么关系？

大海：上面的 3 个例子，只是简单体现了 List.Transform 函数将一个列表转换成另一个列表的过程，但是，这仅仅是它的基本功能。实际上，我们可以利用 List.Transform 函数实现数据的批量转换。下面看看怎么实现批量接入多个页面数据。

首先回头看一下 2.4 节在进行单页数据接入操作时生成的代码，如图 5-54 所示。

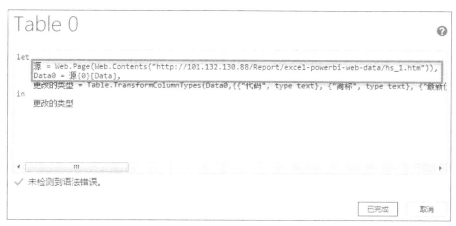

图 5-54　A 股实时信息单页抓取代码

在这个代码里，实际上只需要将页码进行批量输入，就可以得到批量的页面信息，先删除其他步骤代码，仅保留最关键的两行代码（并将两行代码连成完整语句），然后套上 List. Transform 函数修改为自定义函数，如图 5-55 所示。

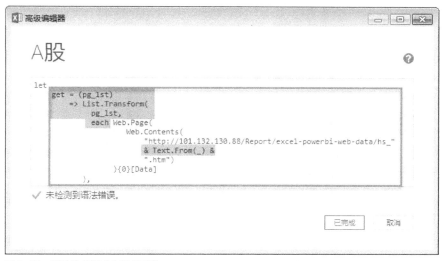

图 5-55　修改代码形成自定义函数

这样，当我们在 pg_lst 参数中输入页码列表时，所有页码会被 List.Transform 函数批量转换为对应的页面数据，如取第 1~3 页数据，代码如图 5-56 所示。

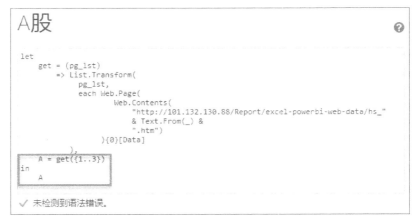

图 5-56　调用自定义函数

结果如图 5-57 所示。

得到了批量的数据，后续就可以切换到"转换"选项卡，单击"到表"按钮，将批量获取的数据转换为表，并进行其他相关数据处理，如图 5-58 所示。

图 5-57　函数调用结果　　图 5-58　转换到表

5.10　通过添加 Buffer 缓存提升查询效率

小勤：我试了 5.8 节介绍的例子，案例数据只有 5 行，刷新数据时一闪而过就完成了，但是，实际工作中的数据有 10 万多行呢，如图 5-59 所示。

结果我刷新一下数据需要 90 秒才能完成（实际刷新用时会因计算机配置不同存在差异），真受不了啊！

大海：那我们改一下代码吧。给"提成比率表"加一个 Buffer（缓存，类似于一次性将这个表读入计算机内存里）。修改前的代码如图 5-60 所示。

修改后代码如图 5-61 所示（即增加 Table.Buffer 句，后面引用的时候用 Buffer 的提成表）。再来刷新一下，几秒完成！

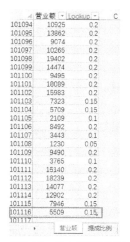

图 5-59　较大规模数据源　　　图 5-60　修改前的代码

图 5-61　修改后的代码

小勤：为什么加了 Buffer 后效率会提升这么多呢？

大海：大致原因可以理解如下：

（1）在没有加 Buffer 时，每一行数据做判断时都需要读一次提成比率表，那么 10 万行数据就需要读 10 万次。

（2）加了 Buffer，相当于将提成比率表一次性放到内存里，然后每次读都直接在内存里判断。

因此，当需要对某个表或某个列表进行频繁调用时，加上 Table.Buffer（列表用 List.Buffer），就能明显提高效率。

小勤：原来是这样的。

第6章
Power Pivot入门

6.1 从一个简单的排序问题说起

小勤：我们有一个表要统计，为了灵活方便，想用数据透视，但数据透视里的排序总是不能按自己的想法来。比如，我想让数据按尺寸列的长度部分排序就办不到，如图 6-1 所示。

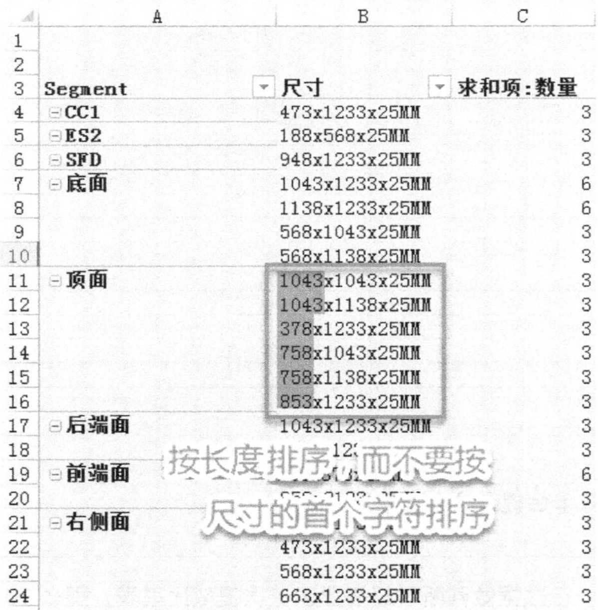

▲	A	B	C
1			
2			
3	Segment ▼	尺寸 ▼	求和项:数量
4	⊟CC1	473x1233x25MM	3
5	⊟ES2	188x568x25MM	3
6	⊟SFD	948x1233x25MM	3
7	⊟底面	1043x1233x25MM	6
8		1138x1233x25MM	6
9		568x1043x25MM	3
10		568x1138x25MM	3
11	⊟顶面	1043x1043x25MM	3
12		1043x1138x25MM	3
13		378x1233x25MM	3
14		758x1043x25MM	3
15		758x1138x25MM	3
16		853x1233x25MM	3
17	⊟后端面	1043x1233x25MM	3
18		123...	
19	⊟前端面		6
20		853x1138x25MM	3
21	⊟右侧面		3
22		473x1233x25MM	3
23		568x1233x25MM	3
24		663x1233x25MM	3

按长度排序，而不要按尺寸的首个字符排序

图 6-1 不能满足要求的数据透视表

大海：这种情况必须得加辅助列啊。

小勤：我也想到了。但如果在数据源里加辅助列，则在结果的透视表里也存在辅助列信息，如图 6-2 所示。虽然可以将其隐藏，但总感觉有点多余。有没有更好点的办法呢？

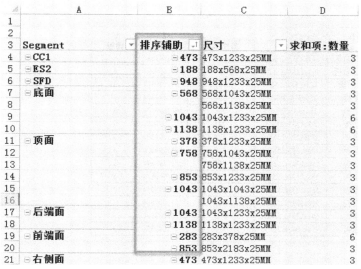

图 6-2 必须添加的排序辅助列

大海：办法是有的。用 Power Pivot 就能轻松处理，因为 Power Pivot 支持构建数据模型，可以定义一个列参照另一个列进行排序。

小勤：这太好了。怎么操作？

大海：首先还是得加辅助列。当然，这个辅助列可以像现在这样直接在数据源里添加，等你以后学了 Power Pivot 里的函数，也可以在 Power Pivot 里添加；还可以将数据获取到 Power Query 里，然后加载到 Power Pivot 里，而不需要改动源数据。方法非常多。现在先用最简单的方法，在源数据里加好辅助列后直接添加到 Power Pivot 中，具体操作步骤如下。

Step 01 在 Excel 源表里插入列"排序辅助"，输入公式"=--LEFT(C2,FIND("x",C2)-1)"并扩展到整列，完成辅助列的创建，如图 6-3 所示。

Step 02 将数据转换为"表格"：在 Excel 中，选中源数据表内的任意单元格，切换到"插入"选项卡，单击"表格"按钮，在弹出的对话框中单击"确认"按钮，如图 6-4 所示。

Step 03 切换到"Power Pivot"选项卡，单击"添加到数据模型"按钮（若在练习文件中已将该表添加到数据模型，则可以单击"管理"按钮进入 Power Pivot 界面），如图 6-5 所示。

D2 　｜　　　　　　ƒx　＝--LEFT(C2,FIND("x",C2)-1)

	A	B	C	D	E	F
1	Segment	a	尺寸	排序辅助	备注	数量
2	SFD	风口面板	948x1233x25MM	948	5011699894	3
3	CC1	水口面板	473x1233x25MM	473	5011699894	3
4	ES2	ES面板	188x568x25MM	188	5011699894	3
5	前端面	面板	283x378x25MM	283	5011699894	3
6	前端面	面板	283x378x25MM	283	5011699894	3
7	左侧面	面板	283x1233x25MM	283	5011699894	3
8	顶面	面板	378x1233x25MM	378	5011699894	3
9	右侧面	面板	473x1233x25MM	473	5011699894	3
10	底面	面板	568x1043x25MM	568	5011699894	3
11	底面	面板	568x1138x25MM	568	5011699894	3
12	左侧面	面板	568x1233x25MM	568	5011699894	3
13	右侧面	面板	568x1233x25MM	568	5011699894	3
14	右侧面	面板	663x1233x25MM	663	5011699894	3
15	顶面	面板	758x1043x25MM	758	5011699894	3

图 6-3　添加辅助列

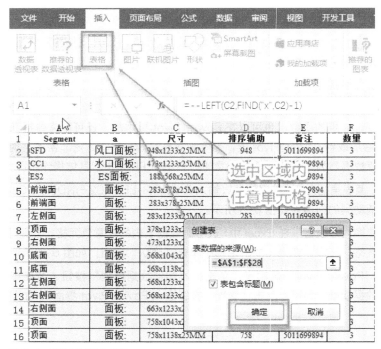

图 6-4　将数据转换为表格

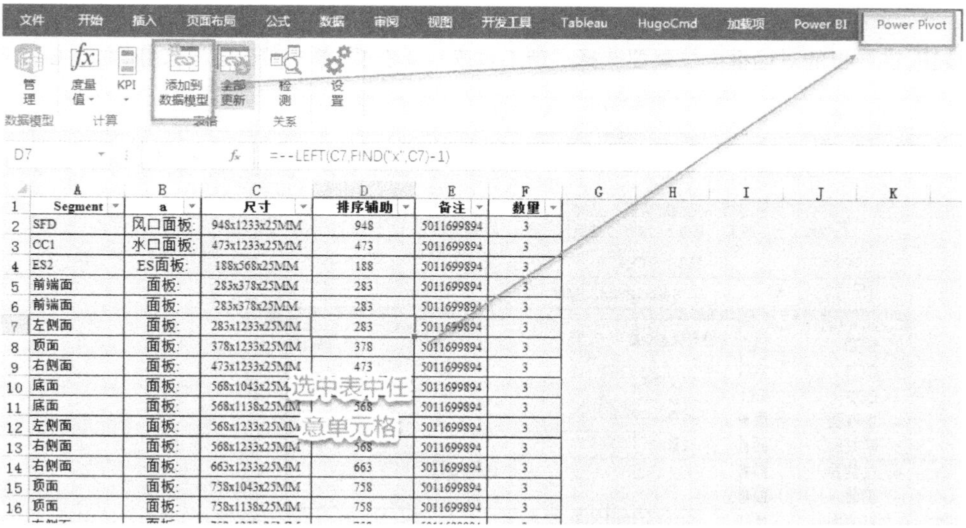

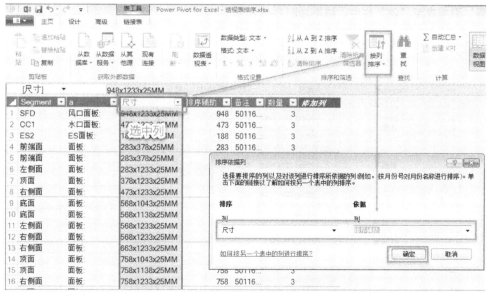

图 6-5　将数据添加到数据模型中

Step 04 在 Power Pivot 操作界面中，单击"尺寸"列的列名选中该列，切换到"主页"选项卡，单击"按列排序"按钮。在弹出的对话框的"依据 – 列"下拉列表中选择"排序辅助"选项，单击"确定"按钮，如图 6-6所示。

图 6-6　设置按列排序

Step 05 创建数据透视表：在 Power Pivot 中切换到"主页"选项卡，单击"数据透视表"按钮，在弹出的对话框中按需要选择"新工作表"单选框，单击"确定"按钮，如图 6-7 所示。

图 6-7 创建数据透视表

接下来的操作就跟操作传统数据透视表一模一样了，只是不需要再将排序辅助列添加到数据透视表里，尺寸列会自动参照排序辅助列的内容进行排序。

比如，在数据透视表操作中，将"Segment"列和"尺寸"列拖曳至"行"栏中，将"数量"列拖曳至"值"栏中，结果如图 6-8 所示。

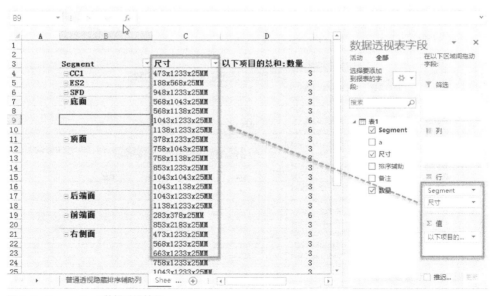

图 6-8 Power Pivot 数据透视结果

小勤：太好了。另外，前面说可以将数据获取到 Power Query 中并添加辅助列，这样的话就不需要在数据源里添加公式了，更有利于保持数据源的精简，也方便以后数据增减或更新时的扩展。

大海：对的，Power Query 和 Power Pivot 是完全兼容和无缝衔接的，而且，如果你以后学 Power BI 时会发现，所有数据都是直接以 Power Query 的方式接入，然后加载到数据模型（Power Pivot）里的。

小勤：那这个案例该怎么操作呢？

大海：其实很简单，具体步骤如下。

Step 01 获取数据到 Power Query 中：在 Excel 中，选中源数据表中的任意单元格，切换到"数据"选项卡，单击"从表格"按钮，在弹出的对话框中单击"确定"按钮，如图 6-9 所示。

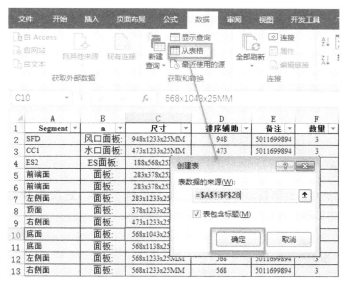

图 6-9　从表格新建查询

Step 02 进入 Power Query 界面，经过前面的学习，在 Power Query 里增加排序辅助列就很简单了：选中"尺寸"列，切换到"添加列"选项卡，单击"提取"按钮，在弹出的菜单中选择"分隔符之前的文本"命令，如图 6-10 所示。

在弹出的对话框中输入分隔符"x"，单击"确定"按钮，如图 6-11 所示。

图 6-10　提取文本

图 6-11　设置提取文本分隔符

Step 03 转换数据格式：选中"分隔符之前的文本"列，切换到"转换"选项卡，单击"数据类型"按钮，在下拉菜单中选择"整数"命令，如图 6-12 所示。

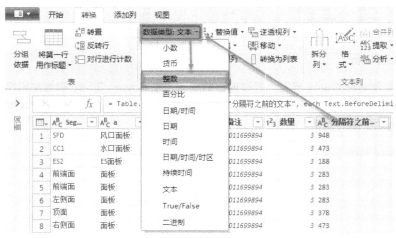

图 6-12　转换数据格式

Step 04 修改列名：双击"分隔符之前的文本"列的列名，将列名修改为"排序参照"，如图 6-13 所示。

1²₃ 备注 ▼	1²₃ 数量 ▼	1²₃ 排序参照 ▼
5011699894	3	948
5011699894	3	473
5011699894	3	188
5011699894	3	283

图 6-13 修改列名

Step 05 将数据加载到数据模型：切换至"开始"选项卡，单击"关闭并上载"按钮，在下拉菜单中选择"关闭并上载至"命令，在弹出的对话框中选择"仅创建连接"单选框，勾选"将此数据添加到数据模型"复选框，单击"加载"按钮，如图 6-14 所示。

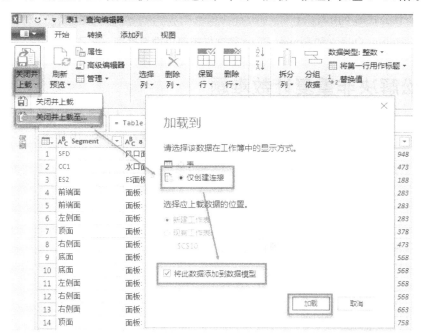

图 6-14 将数据添加到数据模型中

Step 06 这时，该表的数据已经被加载到 Power Pivot 中。返回 Excel 界面，切换到"Power Pivot"选项卡，单击"管理"按钮，进入 Power Pivot 界面，如图 6-15 所示。

后续的操作就跟前面在 Power Pivot 中创建排序参照、创建数据透视表的操作一样了。

图 6-15　管理数据模型

小勤：理解了，实际就是通过 Power Query 接入和整理好数据，然后加载到数据模型（Power Pivot）中，再在 Power Pivot 里设置排序参照等内容并进行数据透视。这样不仅不用动数据源，而且公式都不用写。

大海：对。Power Query 和 Power Pivot 就这样被简单地衔接到一起了。

6.2　轻松解决非重复计数难题

小勤：数据透视表的功能这么强大，但奇怪的是，它为什么不支持非重复计数呢？比如我要统计各个网点的客户数量，通常都是要按非重复的值来计数，如图 6-16 所示。

	A	B	C	D	E	F	G	H
1	网点	客户号	购买数量	等级		**要求：分网点统计不重复的客户数量**		
2	黄河大街	P0291400785835	5	AA				
3	黄河大街	P0191400744490	6	AA		**行标签**	**购买数量**	**客户数**
4	黄河大街	P0291400362686	6	AA		黄河大街	61	5
5	黄河大街	P0191400728485	6	AA		阜宁大街	443	18
6	黄河大街	P0191400728485	6	AA		柴胡店	180	6
7	黄河大街	P0191400728485	5	AA		总计	684	28
8	黄河大街	P0191400728485	5	AA				
9	黄河大街	P0191400728485	5	AA				
10	黄河大街	P0191400728485	5	AA				
11	黄河大街	P0291400150839	12	AA				
12	阜宁大街	P0191400558624	12	A				
13	阜宁大街	P0191400744490	12	AA				
14	阜宁大街	P0191400798539	12	AA				
15	阜宁大街	P0191400477082	8	AA				
16	阜宁大街	P0191400017614	36	A				
17	阜宁大街	P0191400390144	36	A				
18	阜宁大街	P0291400785810	36	A				
19	阜宁大街	P0191400796973	36	A				
20	阜宁大街	P0191400341381	12	A				
21	阜宁大街	P0191400341871	11	A				
22	阜宁大街	P0191400758738	11	A				
23	阜宁大街	P0191400796969	36	A				
24	阜宁大街	P0191400619622	12	A				

图 6-16　分网点统计不重复的客户数量

大海：想要用数据透视表同时实现其他统计和非重复计数，又不想在原始数据表里增加辅助列，可以使用 Power Pivot，因为 Power Pivot 支持非重复计数。

Step 01 将数据添加到数据模型中：在 Excel 中选中源数据中的任意单元格，切换到"Power Pivot"选项卡，单击"添加到数据模型"按钮，如图 6-17 所示。

Step 02 在 Power Pivot 中，切换到"主页"选项卡，单击"数据透视表"按钮，如图 6-18 所示。

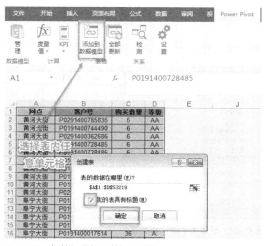

图 6-17 将数据添加到数据模型中

图 6-18 创建数据透视表

在弹出的"创建数据透视表"对话框中选择"新工作表"单选框，单击"确定"按钮，如图 6-19 所示。

Step 03 按统计分析需要将不同的字段拖曳到数据透视表相应的"行"和"值"位置，如图 6-20 所示。

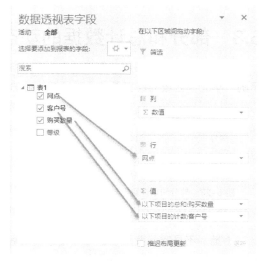

图 6-19 选择数据透视表位置

图 6-20 设置数据透视表字段

Step 04 单击 "值" 列表框中的 "以下项目的计数：客户号" 选项右侧的下拉按钮，在弹出的菜单中单击 "值字段设置" 命令，如图 6-21 所示。

在弹出的对话框中，按需要修改自定义名称为 "客户数"，在 "计算类型" 列表框中选择 "非重复计数"，单击 "确定" 按钮，如图 6-22 所示。

图 6-21　值字段设置

图 6-22　设置值字段计算类型

小勤：这样就可以了？好像跟传统数据透视表的操作没有差别啊。

大海：是的，其实就是在第一步 "将数据添加到数据模型" 有区别，其他步骤没有任何差别。

小勤：将数据添加到数据模型后，创建的数据透视表就直接支持非重复计数了？

大海：对啊。这就是 Power Pivot 比传统数据透视表强大的地方——通过 Power Pivot 对数据进行建模后，将能实现各种原来传统数据透视表无法实现的功能。

6.3　部分和总计数据的动态对比

小勤：怎么能够将部分筛选的数据和总体的数据放到一起进行比较？比如将图 6-23 所示的 "华北" 区域的销售量和全部区域的 "总计" 销售量放到一起。

求和项:销售量	列标签	
行标签	华北	总计
⊞4月	31488	134789
⊞5月	32254	138698
⊞6月	30990	134549
总计	94732	408036

图 6-23　部分和总计数据对比

大海：你这不是已经实现了吗？

小勤：不是啊。我是在进行数据透视之后隐藏了另外两列数据而已，但我总不能在要看另一个区域的数据时取消隐藏数据，然后又隐藏数据吧！能不能在数据透视表里直接实现？

比如我想筛选哪个区域的数据就显示哪个区域的数据，但“总计”还是显示全部区域的销售数量。

大海：当然可以，可是传统的数据透视表不支持此功能。如图 6–24 所示，如果在数据透视里筛选区域了，则总计表示的数据也变了。

小勤：是啊。所以很苦恼啊！这么一点点需求都实现不了。

大海：慌什么，这不是还有 Power Pivot 了吗！而且不需要额外写任何公式。

Step 01 将数据添加到数据模型后，在 Power Pivot 中，切换到“主页”选项卡，单击“数据透视表”按钮，如图 6–25 所示。

求和项:销售量	列标签	
行标签	华北	总计
⊞4月	31488	31488
⊞5月	32254	32254
⊞6月	30990	30990
总计	94732	94732

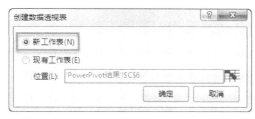

图 6–24　随筛选变化的总计

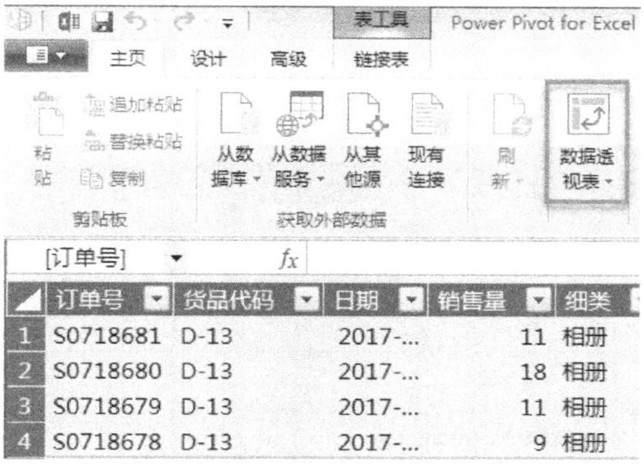

图 6–25　创建数据透视表

Step 02 在弹出的对话框中选择“新工作表”单选框，单击“确定”按钮，如图 6–26 所示。

图 6–26　设置数据透视表的位置

Step 03 在数据透视表中，按需要将相关的字段拖曳至“列”“行”或“值”列表框中，如图 6–27 所示。

小勤：这个不还是数据透视表吗？除添加到数据模型之外，操作没有差别啊。

大海：是的，但接下来的操作就不一样了。

Step 04 切换到“数据透视表工具 – 设计”选项卡，单击“分类汇总”按钮，在弹出的下拉菜单中选择“汇总中包含筛选项”命令，如图 6–28 所示。

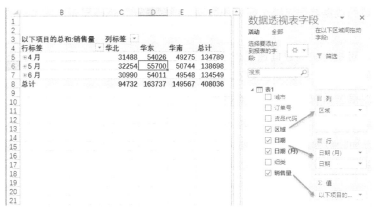

以下项目的总和:销售量 列标签
行标签 华北 华东 华南 总计
4月 31488 54026 49275 134789
5月 32254 55700 50744 138698
6月 30990 54011 49548 134549
总计 94732 163737 149567 408036
数据透视表字段
活动 全部
选择要添加到报表的字段:
在以下区域间拖动字段:
筛选
搜索
表1
城市
订单号
货品代码
区域
日期
日期 (月)
细类
销售量
列
区域
行
日期 (月)
日期
值
以下项目的...

图 6-27 设置数据透视表的字段

PP-基础操作：传统数据透视表无法实现
数据透视表工具
文件 开始 插入 公式 Power Pivot 数据 审阅 视图 页面布局 分析 设计
分类汇总 总计 报表布局 空行
行标题 镶边行
列标题 镶边列
表样式选项
不显示分类汇总(D)
在组的底部显示所有分类汇总(B)
在组的顶部显示所有分类汇总(T)
汇总中包含筛选项(I)
32254
列标签
华北 华东 华南 总计
31488 54026 49275 134789
5月 32254 55700 50744 138698
6月 30990 54011 49548 134549
总计 94732 163737 149567 408036

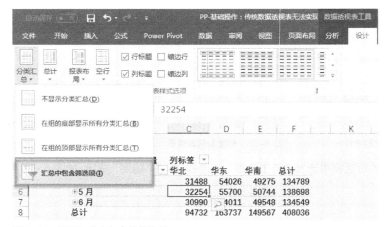

图 6-28 设置汇总中包含的筛选项

小勤：这样就可以保持“总计”里的数据不随筛选而变化了？

大海：你试试。

小勤：没错。随便筛选哪一个区域，“总计”列里都是全部区域的总计销售量了，如图 6-29 所示。

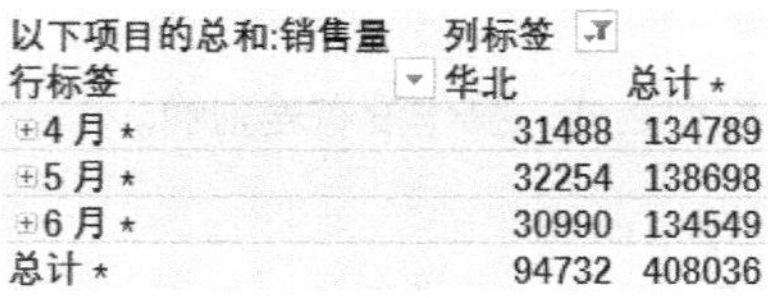

以下项目的总和:销售量 列标签
行标签 华北 总计 *
4月 * 31488 134789
5月 * 32254 138698
6月 * 30990 134549
总计 * 94732 408036

图 6-29 不随筛选变化的“总计”列

小勤：不过，这不是数据透视表里的选项吗？

大海：你去看看原来没有添加到数据模型时做的数据透视表的这个选项，如图 6-30 所示。

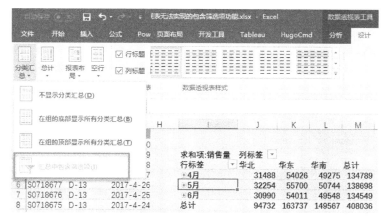

图 6-30　不可用的汇总中包含筛选项功能

小勤：晕，怎么是灰的？不让选啊。

大海：对，就是不让选。

小勤：原来将数据"添加到数据模型"这么个简单的按钮，背后隐藏了这么强大的功能。

大海：慢慢你就会发现 Power Pivot 比传统数据透视表强大很多。

小勤：现在数据越来越多，领导要求又越来越复杂，传统数据透视表真是搞不定了。

6.4　除了双击出数据，还有"金刚钻"

小勤：大海，在 Power Pivot 生成的数据透视表里，怎么每个数据点进去都会弹出一个如图 6-31 所示的图标啊？

以下项目的总和:销售量	列标签	
行标签	华北	总计 *
⊞4 月 *	31488	134789
⊞5 月 *	32254	138698
⊞6 月 *	30990	134549
总计 *	94732	4 快速浏览

图 6-31　快速浏览智能标记

大海：这个是 Excel 里对数据的"智能标记"按钮。你知道传统数据透视表里的查看明细吗？

小勤：当然知道啊。在数据透视表里的某一个数据项上双击，就会出现跟这个数据项相关的数据明细内容。

大海：这个功能在 Power Pivot 里同样有用。但这个智能的按钮在传统数据透视表查看明细的基础上又增加了对数据进行"快速浏览"的功能，专业的叫法是"数据钻取"。

小勤：好深奥的样子。

大海：其实也不是什么深奥的东西，就是让你可以在现在结果的基础上，再深入查看（钻进去）这个数据的细分情况。比如单击 4 月"华北"的销售量数据旁的"智能标记"，在弹出的对话框中出现了其他的可选字段，如图 6-32 所示。

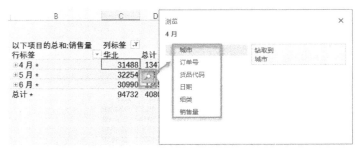

图 6-32　智能标记菜单功能

这就意味着你可以针对这个数据继续按"城市""订单号""货品代码"等角度进行深入分析。比如想查看这个数字的背后各个城市的情况，在弹出的菜单中依次单击"城市"→"钻取到 – 城市"命令，如图 6-33 所示。

结果，数据透视表中自动增加了"月份"筛选器并选定为"4 月"，而行标签变成了"城市"的内容，即得到了 4 月份各个城市的销售情况，如图 6-34 所示。

如果需要，则我们还可以继续钻取，比如要看 4 月份北京里的各个品类的情况。继续单击"北京 / 华北"交叉数据项的"智能标记"，在弹出的菜单中依次单击"细类"→"钻取到 – 细类"命令，如图 6-35 所示。

图 6-33　智能标记中的钻取功能

	A	B	C	D
1		日期(月)	4 月 🔽	
2				
3		以下项目的总和:销售量	列标签 🔽	
4		行标签 🔽	华北	总计 ★
5		北京	31488	31488
6		总计 ★	31488	134789

图 6-34　数据钻取结果

图 6-35　智能标记中的钻取功能

结果是，数据透视表在原来的基础上又自动增加了"城市"筛选器并选定了"北京"，而行标签变成了"细类"的内容，即得到了 4 月份北京的各个细类的销售情况，如图 6-36 所示。

	A	B	C	D
1		日期 (月)	4 月	☑
2		城市	北京	☑
3				
4		以下项目的总和:销售量	列标签	☑
5		行标签 ▾	华北	总计 ＊
6		笔记本	10395	10395
7		书籍	10476	10476
8		相册	10617	10617
9		总计 ＊	31488	31488

图 6-36　数据钻取结果

大海：就是这样，对数据一层层地"钻"进去，非常方便。

小勤：原来是这样，真是一把"金刚钻"啊！以前领导经常要求针对一些特殊的数据做层层深入的分析，要早知道有这个功能就方便了，不用一遍遍地筛选。

大海：对数据层层深入去挖掘其问题、规律和含义，是数据分析的重要一环。

6.5　为何双击"出明细"功能只返回 1000 条数据

小勤：为什么双击 Power Pivot 数据透视表只返回 1000 行数据？

大海：因为用 Power Pivot 处理的数据一般会比较多，甚至超过 Excel 100 多万行的情况，因此，为避免数据全部返回可能造成 Excel 的卡顿或崩溃，Power Pivot 里默认返回 1000 行数据，这也是很多数据库查询工具的默认返回记录数。

小勤：啊。那剩下的我要怎么显示出来呢？

大海：可以对数据模型的属性进行设置。在 Excel 中，切换到"数据"选项卡，单击"连接"按钮，在弹出的对话框中选择名称为"ThisWorkbookDataModel"的连接，单击"属性"按钮，如图 6-37 所示。

图 6-37　工作簿的数据连接

在弹出对话框的"要检索的最大记录数"中按自己的需要进行修改，然后单击"确定"按钮就可以了，如图 6-38 所示。不过，一般非十分必要的情况下，建议不要把这个数字设置得太大。

图 6-38　设置数据的连接属性

6.6　表间关系一线牵，何须大量公式拼数据

小勤：现在的数据分析往往涉及好多张表（比如产品表、订单表、订单明细表等），经常要将它们结合起来分析。比如要分析每个客户购买了哪类产品、购买了多少等，就得从订单表里将客户的信息读到订单明细表里，从产品表里将产品类别读到订单明细表里……每次都要把一个表的数据读到另一个表里才能分析，如图 6–39 所示。而且，如果通过函数读取的数据多了，Excel 运行起来就很慢很慢，好麻烦啊！

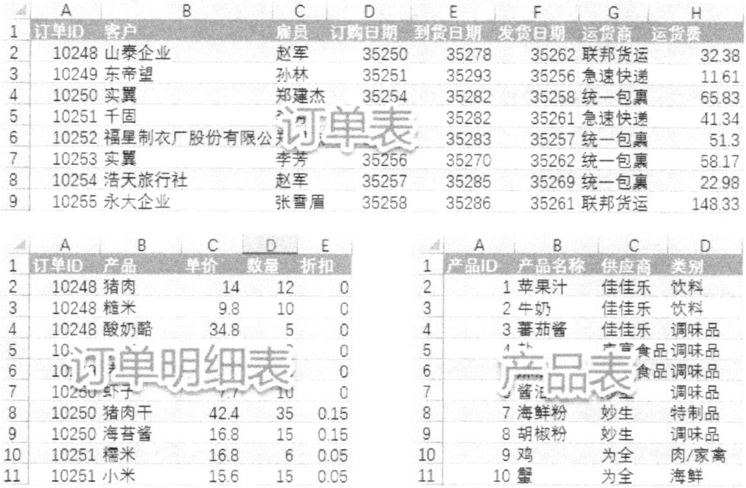

图 6–39　有关系的多个数据表

大海：在传统数据透视表里的确要这么干，但到了 Power Pivot 里，就不用那么麻烦了。直接用根线把它们连起来就可以把表的关系建好了，在进行数据分析时就可以直接用了，根本不需要把数据读来读去。

Step 01 把所有相关数据（比如订单表、订单明细表、产品表等）添加到数据模型，最终 Power Pivot 里的结果（表名称可能因操作不同有差异，在实际工作中建议修改为合适的表名称）如图 6–40 所示。

Step 02 创建表间的关系。在 Power Pivot 里，切换到"主页"选项卡，单击"关系图视图"按钮，进入表间关系管理界面，如图 6–41 所示。在关系图视图里，可以看到 3 个表的字段（列）情况。

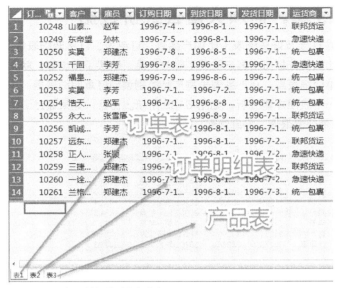

图 6-40　添加到数据模型的多个表

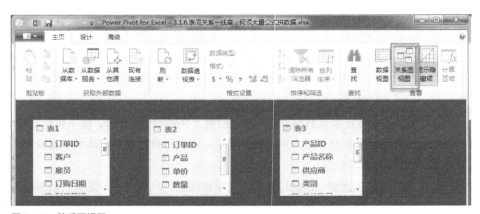

图 6-41　关系图视图

Step 03 建立表间关系。

　　这几个数据表的关系是：订单表里的每 1 行对应订单明细表里的 1 行或多行（也可能 0 行），可以通过"订单 ID"进行关联；产品表里的每 1 行对应订单明细表里的 1 行或多行（也可能 0 行），可以通过"产品（名称）"进行关联。

　　理清楚各表之间的关系后，实际的操作就非常简单了，只要从一个表中将用于关联的字段拖曳至另一个表中用于关联的字段上面即可。比如，创建"订单表"和"订单明细表"之间的关系，只需将"订单表"中的"订单 ID"字段拖曳到"订单明细表"中的"订单 ID"字段上，如图 6-42 所示。

Power Pivot 会自动识别哪个表为 1 端，哪个表为多（＊）端，从而建立相应的 1 对多关系，如图 6-43 所示。

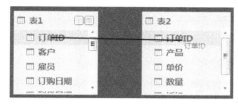 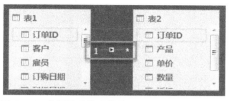

图 6-42　构建表间关系　　　　　　　　　　图 6-43　表间关系构建结果

按同样的方法建立订单明细表和产品表之间的关系，最终结果如图 6-44 所示。

图 6-44　完整的表间关系结果

Step 04 创建数据透视表。

表间的关系建好后，就可以做各种数据透视了，操作方法跟普通数据透视表一模一样。只是字段（列）可以从各个表里直接用了。在 Power Pivot 里切换到"主页"选项卡，单击"数据透视表"按钮，如图 6-45 所示。

在弹出的对话框中选择"新工作表"单选框，单击"确定"按钮，如图 6-46 所示。

图 6-45　创建数据透视表　　　　　　　　图 6-46　选择数据透视表的位置

这时，3 个表的字段都出现在"数据透视表字段"窗口中，可以按需要组合使用。比如，要分析各种产品类别的销售数量情况，则将"表 3（产品）"表中的"类别"拖曳到"行"列表框中，将"表 2（订单明细）"表中的"数量"拖曳到"值"列表框中，即可生成所需的数据透视表，如图 6-47 所示。

小勤：这样真是太好了，很多表之间其实都是有关系的，原来只能通过 VLOOKUP 函数将另一个表的很多内容读过来，现在只要连根线就能处理所有事情！而且运行飞快啊！

大海：对的，通过 Power Piovt 这种建立表间关系的方法，不仅操作上简单，而且数据的统计速度也更快。

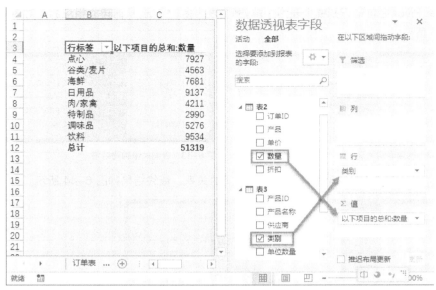

图 6-47　从多表中选择数据透视表字段

6.7　数据表间的基本关系类型

小勤：在 6.6 节里，如果产品表的产品名称重复，则不能建立表间关系？

大海：如果两张表之间的数据找不到明确的关联关系，那表间的关系是无法建立的。

小勤：那一般两个表之间都有哪些类型的关系呢？好像很复杂的样子啊。

大海：其实两个表之间的关系类型也很简单，莫非就 4 种。

小勤：4 种？

大海：下面通过数据的方式来看各种关系具体是什么样子的。

（1）常见的关系——一对多。比如订单表和订单明细表，即订单表里的 1 条数据，对应订单明细表里的 n 条数据，如图 6-48 所示。

（2）多对多关系。比如订单明细表里有产品名称，而产品表的产品名称如果不是唯一的，两个表间通过产品名称来看，则订单明细表里一条数据，可能在产品表里找到多条数据，而在产品表里的一条数据，也可能在订单明细表里找到多条数据，如图 6-49 所示。

在这种情况下，两个表之间的数据关系其实是不清晰的，因为比如我要找订单明细表里的"小米"的供应商，我就不知道应该是"宏仁"的，还是"德昌"的。

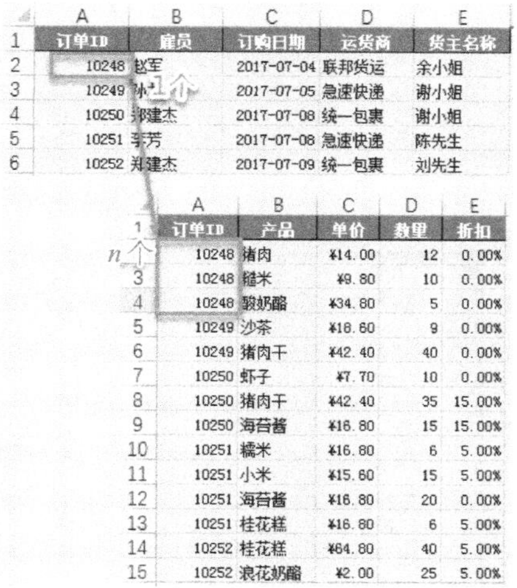

图 6-48　一对多关系　　　　图 6-49　多对多关系

另外，多对多关系还有一种情况，数据表之间的关系其实是明确的，但要靠多个字段共同来确定，比如上面的订单明细表和产品表，如果订单明细表里增加一列"供应商"的内容，那么这两个表之间，就可以通过"产品名称"和"供应商"这两列一起确定两表之间的明确关系，如图 6-50 所示。

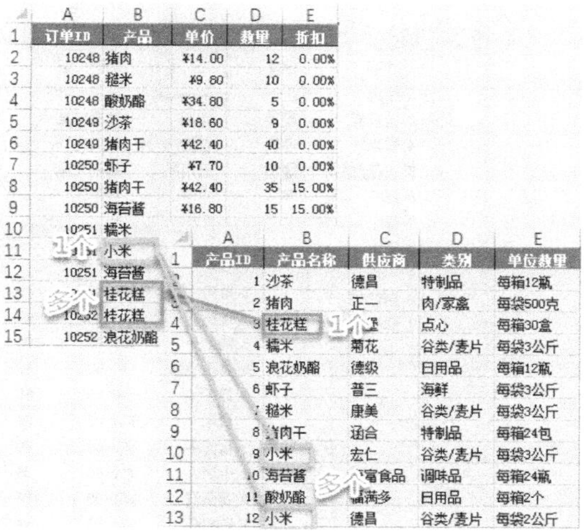

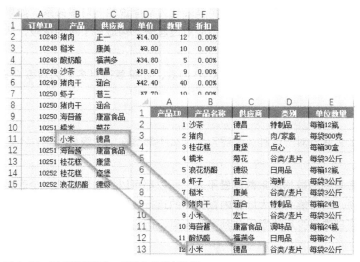

图 6-50　可多列确定唯一关系的多对多数据

可惜，无论是哪一种多对多关系，Power Pivot 里目前都是不支持的。

（3）一对一关系。就是两个表中都有一列，它们之间的关系完全是一一对应的，没有多余的、重复的内容，如图 6-51 所示。

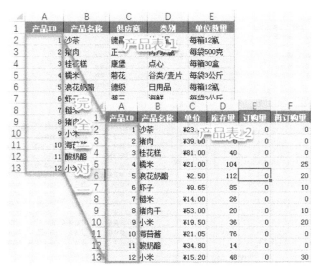

图 6-51 一对一关系

（4）两个表间没有关系。比如订单表和产品表之间，就完全找不到关系。

小勤：那么在多对多关系的情况下，Power Pivot 里要怎么处理呢？

大海：一般来说，应该在订单明细表里使用产品 ID，这样就能明确订单明细表里的"小米"到底应该是产品表里的哪一条数据。或者，将其转化为前面说的一对多关系。如果是订单明细表里有供应商字段，则可以将产品名称和供应商连起来，构造一个新的字段，从而转化为一对多的关系。

小勤：啊，这有点儿像在 Excel 里用 VLOOKUP 函数，如果要通过多项内容联合查找，也要先连接起来一样。

大海：对的。

小勤：对了，为什么会有一对一这种关系呢？为什么不都放在一个表里搞定？不是没事找事吗。

大海：一般我们日常看到的数据通常数据量不大，所以都可以将它们放到一个表里。但如果表有几百列或上千列，则可能会极大地影响数据库的运行效率，所以，可以考虑将这些表进行拆分，比如将一些日常很少用的字段放到一张表里，而将一些需要经常更改的字段放到另一张表里。

小勤：原来这样。另外，如果订单表和订单明细表有关系，而订单明细表和产品表之间有关系，那订单表和产品表算不算有间接关系呢？

大海：也可以这么理解吧，所以，在 Power Pivot 里，你只要对订单表和订单明细表、订单明细表和产品表分别建立表间关系，那么就可以在订单表里通过一定的方法得到产品表里的信息，或在产品表里通过一定的方法获得订单表里的信息。

第7章
DAX语言入门

7.1　在 Power Pivot 里怎么做数据计算

小勤：前面在 Power Pivot 里都是直接用源表里的数据来生成数据透视表，但很多时候是需要自己去对数据做一些计算的，怎么办呢？

大海：一般情况下，在 Power Pivot 里对数据进行计算分两种：添加"计算列"或者"度量值"。先说一下"计算列"的情况。其实，Power Pivot 里在每个表的后面都默认生成了一个空的"添加列"，如图 7-1 所示。

小勤：那怎么添加内容呢？为什么单击后无法输入内容啊？一输就出错，如图 7-2 所示。

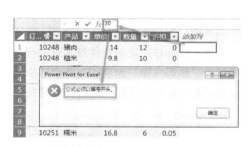

图 7-1　添加列　　　　　　　　　　图 7-2　添加列出错

大海：提示很明确啊——公式必须以等号开头。

小勤：一定都是写公式吗？不能像 Excel 里想输入什么就输什么？

大海：当然不可以。Power Pivot 是用来做数据分析的，不是用来录数据的，所以它叫"计算列"，都是要写公式的，所以要以等号开始。比如，你可以添加一列"销售金额"，输入公式"=[单价]*[数量]*(1-[折扣])"，如图 7-3 所示。

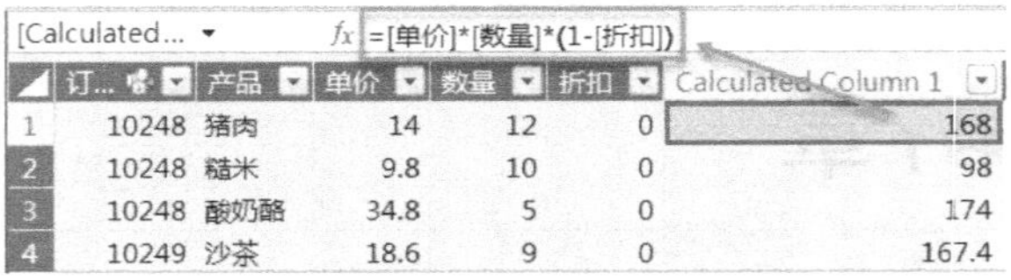

图 7-3 添加列公式的示例

小勤：好吧。那如果要补充一些数据怎么办？

大海：如果是可以根据现有表的内容计算得到的数据，就通过计算的方式得到。如果是完全靠人去判断、录入的数据，那么应该回到原始数据去完善，在原表上增加内容，或者增加其他的相关表。

小勤：好的。对了，添加的那个列名怎么这么怪呢？

大海：那是默认生成的，自己手动修改就好：双击需要修改的列名，直接输入新列名，按 Enter 键即可，如图 7-4 所示。

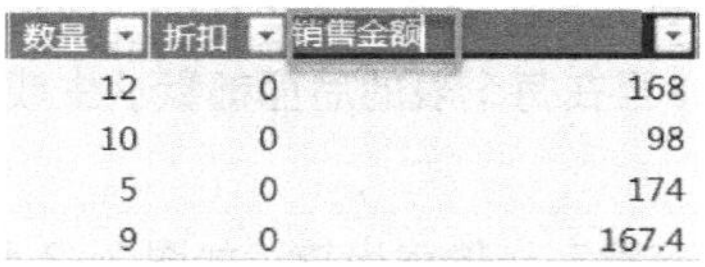

图 7-4 修改列名

小勤：那添加"度量值"又是怎么一回事？

大海：我们做数据分析的时候，往往不仅要增加一些原来没有的列，还需要做一些其他的计算，比如按一定的条件对某列进行求和等，这时候就要添加"度量值"了。比如对前面增加的"销售金额"列求和：单击选中表格下方空白区域内的任意单元格，在公式栏中输入公式"总金额:=SUM('表2'[销售金额])"，并按 Enter 键，如图 7-5 所示。

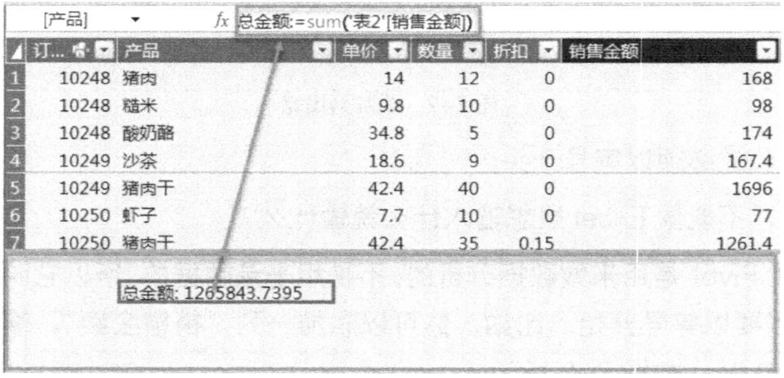

图 7-5 创建度量值

小勤：在表格下面的任意地方？

大海：对，甚至可以在另一个表里，看自己喜欢怎么管理度量值而已。

小勤：在另一个表里也可以？

Power Query和Power Pivot实战

大海：对，你看到在公式里引用"销售金额"列时，前面带了表名（'表2'）吗？所以，在 Power Pivot 里，度量值是可以写在任何地方，但是，对某一列的引用需要带上表名。

小勤：每次都输入表名，不是很麻烦吗？

大海：其实你在需要引用某个表的某个列时，输入"'"号，就会直接有提示，然后按需要选择相应的字段，按 Tab 键就会将表名和字段名带到公式里了，如图 7-6 所示。

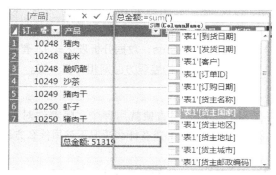

图 7-6　公式输入的智能提示

小勤：但是字段多了还是很麻烦啊！得一个个地往下找，能不能直接输字段名查找？

大海：可以。在输入"'"号后，就可以直接输入关键字进行搜索了，比如接着输入"销售"就会找到包含有"销售"的相关字段，如图 7-7 所示。

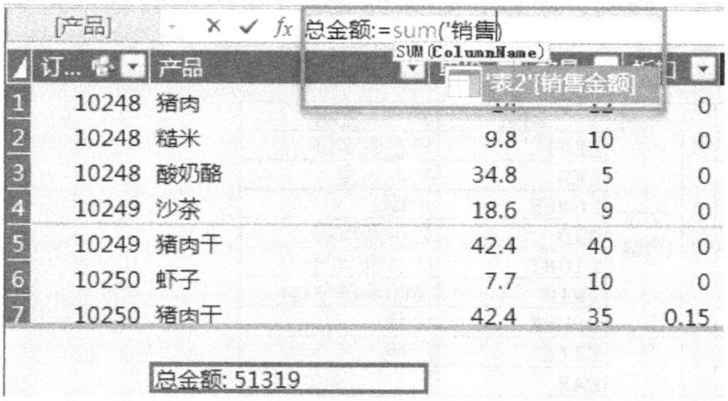

图 7-7　公式中的字段搜索

小勤：这个真方便！另外，为什么公式不是直接用等号开始？

大海：Power Pivot 里的所有公式其实都应该有个名称，这样以后才知道怎么引用这个公式产生的结果。在输入计算列的公式时直接输入等号，但其实计算列也是有名称的，就是列名。

小勤：公式里那个冒号（:）是怎么回事？

大海：这是 Power Pivot 里增加度量值的公式写法，你记住就好。即"度量名称 + 冒号 + 等号 + 具体公式"。

小勤：好的。对了，在 Power Pivot 里增加计算列，和在 Power Query 里添加自定义列有什么差别？

大海：如果数据是从 Power Query 里被加载到 Power Pivot 数据模型，那你可以在 Power Query 里添加列，也可以在 Power Pivot 里添加列，在结果应用的时候也没有什么特别差别。但在添加列的方法上是有以下差别的：

Power Query 里用的是 Power Query 的 M 语言及函数知识。一般情况下，Power Query 在数据的整理方面功能比较强一些，尤其是做文本的相关处理时。而在 Power Pivot 里，使用的则是 Power Pivot 的 DAX（Data Analysis Expressions，数据分析表达式），有它自己的完整的用法和函数体系，计算能力非常强大，但在数据的整理方面则相对弱一些。

小勤：那该怎么决定到底用哪一种方法呢？

大海：我很少纠结这个问题，反正觉得哪个用起来方便就用哪个。随着你对 Power Query 和 Power Pivot 学习的深入了解，你也自然而然就知道在什么情况下该用什么方法了。

7.2　那些几乎和 Excel 里一样的常用 DAX 函数

小勤：Power Pivot 的 DAX 公式，有它自己的完整的用法和函数体系，那是不是又得学一套新的函数？

大海：对的，Power Pivot 有一套自己的函数，不过，好在 Power Pivot 里大量的基础函数和 Excel 里的函数几乎是一模一样的，所以，如果你 Excel 里的函数基本过关，那 Power Pivot 里的基础函数也很容易就过关了。其中比较常用的函数如图 7-8 所示。

类别	函数	说明	类别	函数	说明
聚合函数	SUM	总和	文本函数	LEFT	取左侧字符
	AVERAGE	平均值		LEN	文本长度
	MIN	最小值		LOWER	小写
	MAX	最大值		MID	取中间字符
	COUNT	数值列计数		RIGHT	取右侧字符
	COUNTA	任意类型列计数		TRIM	清除两侧空格
	COUNTBLANK	空单元格个数		UPPER	大写
逻辑函数	IF	条件判断	日期时间函数	DATE	日期
	IFERROR	错误处理		DAY	日
	AND	且		HOUR	时
	OR	或		MINUTE	分
	NOT	非		MONTH	月
	FALSE	否		NOW	当前时间
	TRUE	是		SECOND	秒
数学函数	ABS	绝对值		TIME	时间
	MOD	求余		TODAY	当前日期
	POWER	乘方		WEEKDAY	星期几
	SQRT	开平方		WEEKNUM	一年中的周数
	FLOOR	下限		YEAR	年
	ROUND	四舍五入		YEARFRAC	两日期间的年数
	CEILING	上限	信息函数	ISERROR	是否错误
	INT	取整		ISBLANK	是否空值

图 7-8　常用函数

小勤：这些函数和 Excel 里都是一样的？

大海：写法上是一样的，涉及的参数和用法也几乎都一样，日常使用时基本上不会感觉到什么有差异的地方，真涉及有细微差异的地方，碰到了再按实际情况处理即可。

小勤：好的。看了这个表，我算是把 Excel 里的常用函数回顾了一遍。

大海：其实在日常工作当中，无论是 Excel，还是 Power Pivot，甚至是 Power Query，其中经常用到的函数来来去去都是这些，只是它们各自加上少量一些特有的函数而已。关键还是多练习。

小勤：我先在 Power Pivot 里试着练一练。

7.3　怎么输入多个判断条件

小勤：怎么在 Power Pivot 里同时加入多个判断条件？ AND 函数怎么好像只支持两个参数啊？如图 7-9 所示。

▾	✕	✓	*fx*	=if(AND(

AND(**Logical1**, **Logical2**)

雇员 ▾	订购日期 ▾	到货日期 ▾
赵军	1996-7-4 0:0...	1996-8-1 0:00...
孙林	1996-7-5 0:0...	1996-8-16 0:00...

图 7-9　仅支持两个参数的 AND 函数

大海：好吧，这么快又让你碰到了。这就是 Power Pivot 里的函数和 Excel 里的有细微差异的地方。

小勤：那怎么办？

大海：其实很简单，你可以多套几层，比如写成 "AND(条件 1,AND(条件 2, 条件 3))"。

小勤：这多麻烦啊？有没有更简单点儿的办法？

大海：当然有的。其实在 Power Pivot 里多条件的写法更多的是用运算符 "&&" 和 "||"。"&&" 表示 AND（且），"||" 表示 OR（或），如图 7-10 所示。

图 7-10　多条件公式示例

小勤：这样也行！对了，写这么长的公式要换行，在 Power Pivot 里怎么实现？

大海：在写公式的时候，如需要换行，按 Shift+Enter 键即可。通过空格键或 Tab 键可以实现每行的缩进对齐。另外，在公式编辑栏右侧单击双箭头按钮，可实现编辑栏空间的展开（多行模式）或收缩（单行模式）。在编辑栏空间展开状态下，可通过拖曳编辑栏下方的线条来调整编辑栏的大小，如图 7-11 所示。

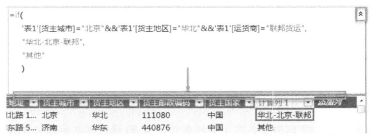

图 7-11　公式编辑栏的调整

小勤：好的。长公式的换行和缩进真是太重要了。

大海：对。尤其在 Power Pivot 里，因为需要大量引用表名列名，所以一些很简单的公式可能看起来都很长。因此，如果没有换行缩进的话，基本就没法看了。

小勤：嗯。我先练一下"&&"和"||"这两个重要符号。

7.4　日期的输入

小勤：在 Power Pivot 里怎么输入日期呢？

大海：在 Power Pivot 里输入日期有很多种方式，不同的方式有一些细微的差别，可以根据不同情况进行选择。

1.　以文本的方式直接输入

比如要输入"2018 年 4 月 5 日"，可输入公式"="2018-4-5""，如图 7-12 所示。

图 7-12　直接输入日期文本

然后转换类型：选中该列，切换到"主页"选项卡，单击"数据类型"按钮，在弹出的下拉菜单中选择"日期"命令，如图 7-13 所示。

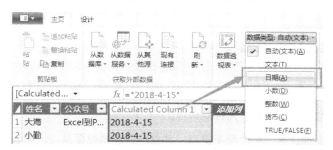

图 7-13　转换数据类型

结果如图 7-14 所示。

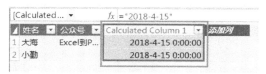

图 7-14　日期类型转换结果

2. 用 Value 函数直接获取日期型文本的"值"

比如要输入"2018 年 4 月 5 日"，可输入公式："=value("2018-4-5")"，如图 7-15 所示。

图 7-15　通过函数输入日期

同样的，如果需要转换为日期类型，则：选择该列，切换到"主页"选项卡，单击"数据类型"按钮，在下拉菜单中选择"日期"命令，如图 7-16 所示。

图 7-16　转换日期数据类型

3. 使用 DATE 函数输入

比如要输入"2018 年 4 月 5 日",可输入公式"=date(2018,4,5)",如图 7-17 所示。

图 7-17 用函数输入日期

可以看到,用 DATE 函数输入后,即默认为日期格式。

小勤:嗯,原来还有这么多种情况,不过都不复杂。如果是在公式里面的话,应该用第 2 或第 3 种方法。

大海:对。在 Power Query 或 Power Pivot 里,实现一种功能通常有很多种方法,根据实际情况或个人喜好选择使用即可。

7.5 空值的处理

小勤:DAX 里的空值是怎么处理的?总感觉怪怪的。

大海:DAX 里的空值问题是比较复杂的。在不同的情况下,空值参与计算的方式可能会不一样。

1. 求平均时,不参与计算,如图 7-18 所示

2. 计数时也不算,如图 7-19 所示

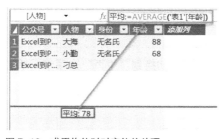

图 7-18 求平均值时对空值的处理

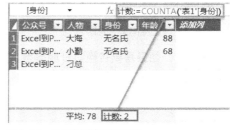

图 7-19 计数时对空值的处理

3. 非重复计数时,如图 7-20 所示

小勤:非重复计数是居然把空值算上去了?

大海:对。非重复计数时,空值是会算上去的。

小勤:那到底什么时候会算,什么时候不算啊?

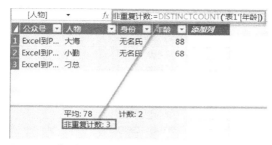

图 7-20　非重复计数是对空值的处理

大海：比较难做一个全系列的枚举来说明什么时候算、什么时候不算，尤其是在不同函数里的表现。在实际工作中，你也并不需要去记太多这种规则，只要记住以下两点就行：

（1）尽可能避免在源数据中出现空数据。如果有的话，则尽可能在建模或计算前用确定的规则先处理掉。

（2）如果不可避免出现空数据，在写公式时如果没有把握，那注意做检验或测试，类似细微的规则，碰到实际情况再处理即可。

另外，以后还可能碰到空值参与计算的情况，计算过程中的这些结果可以先了解一下（能记住最好，记不住也没关系，真碰到时查一下即可）：

- BLANK() + BLANK() = BLANK()
- 5 + BLANK() = 5
- BLANK() − 5 = −5
- 5 * BLANK() = BLANK()
- 5 / BLANK() = Infinity（无穷大）
- BLANK() / 5 = BLANK()
- BLANK() / BLANK() = BLANK()
- BLANK() && BLANK() =FALSE
- BLANK() || BLANK() =FALSE
- TRUE && BLANK() = FALSE
- TRUE || BLANK() = TRUE
- FALSE && BLANK() = FALSE
- FALSE || BLANK() = FALSE

小勤：好的。

7.6　统一的列数据

小勤：为什么我在 Power Pivot 里无法做数据类型的转换？比如我想将这一列数据改成"整数"格式，结果出错了，如图 7-21 所示。

图 7-21　列数据类型转换

大海：这是因为你订单 ID 这一列里不全是数字。所以只能用文本类型类表示。

小勤：我记得在 Power Query 里是可以做转换的，如图 7-22 所示。

其中，出错也只是部分有问题的值显示为 Error，但不影响其他可以转换的值，如图 7-23 所示。

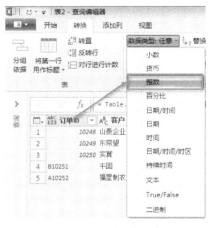

图 7-22　Power Query 中的数据类型转换

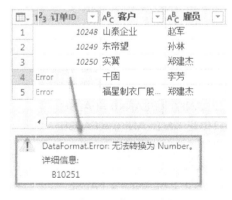

图 7-23　数据类型转换错误提示信息

大海：对。但在 Power Query 里可以做的事情不代表 Power Pivot 里可以做。在 Power Query 里，一个列里可以存在各种类型（任意）的数据，甚至不止是一个值，还可以是一个表（Table）、一个数列（List）……

小勤：好像是的。Power Query 里一个单元格可以是任何东西！

大海：嗯。但 Power Pivot 是不允许的，因为 Power Pivot 里的所有数据将要进入具体的计算分析阶段，所以每列的数据类型和值都是必须统一和明确的，只要有一个单元格的数据类型转换出错，就会导致整列出错，转换就会终止。

小勤：那如果要对类似的数据进行整理的话怎么办？比如将其中的订单 ID 中的字母去掉。

大海：得看这些需要去掉的字母是否复杂。如果简单，可以在 Power Pivot 里通过简单的文本函数来完成；如果很杂乱，一般建议放在 Power Query 中做数据的清理，毕竟 Power Pivot 里数据清理的功能相对弱一些。

7.7　既然可以直接用，为什么还要自己写度量值

小勤：在用 Power Pivot 做数据透视的时候，不是可以直接将需要统计的内容拉到"值"那个框里吗？那为什么还要自己写度量值啊？如图 7–24 所示。

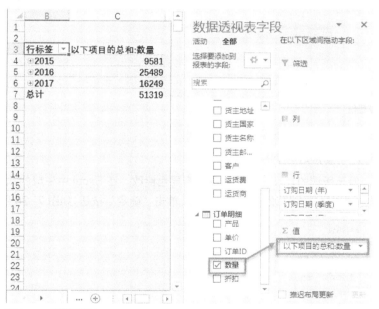

图 7–24　数据透视表

大海：你看"值"那个框里显示了什么？

小勤："以下项目的总和：数量"啊。

大海：实际这个是 Power Pivot 自动生成的一个隐式度量值。你到数据模型里看看就知道了。进入模型的方法是，在 Power Pivot 里，切换到"高级"选项卡，单击"显示隐式度量值"按钮，如图 7–25 所示。

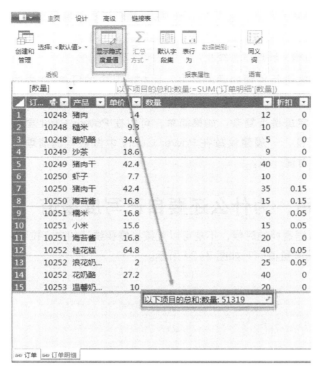

图 7-25　显示隐式度量值

小勤：啊。原来这样。那不也就是可以直接用了吗？

大海：对的。不过你不觉得这么个名字很长吗？

小勤：的确是长，但无所谓的，反正在数据透视表里也能改。在 Excel 中生成的数据透视表里双击列名，在弹出的对话框中修改"自定义名称"，单击"确定"按钮，如图 7-26 所示。

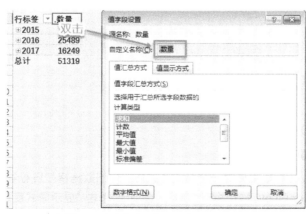

图 7-26　在数据透视表中修改值字段名称

Power Query 和 Power Pivot 实战

大海：对。在数据透视表里的确能改它的显示方式。但是你再回模型里看看是什么情况。

小勤：还是原来的名称……而且不能在模型里修改，如图 7-27 所示。

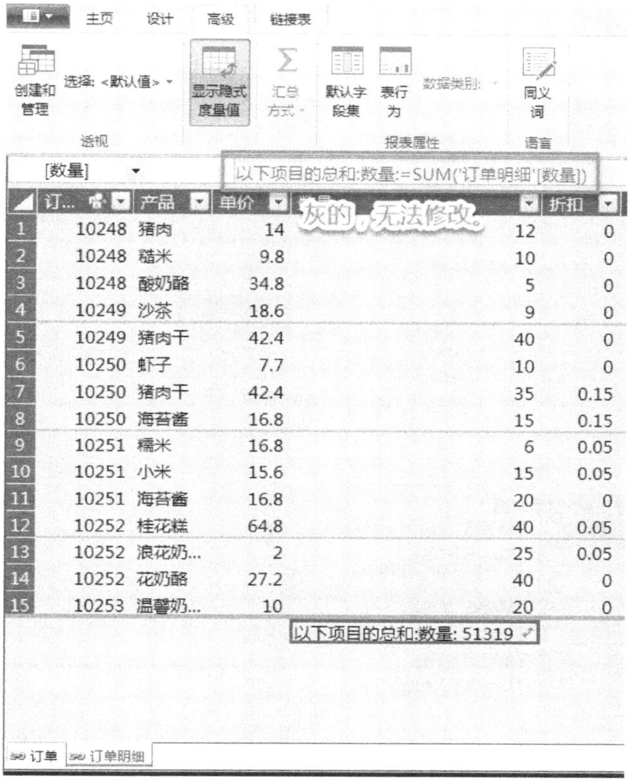

图 7-27　无法修改名称的隐式度量值

大海：自动生成的这些隐式度量是不能改名称的。

小勤：那不能修改就不改了吧。

大海：没问题。但是，如果你以后还想继续用这个求和的值来做其他的分析，就得继续用这个长的名称。比如咱们继续做个分析，看看平均每件货品的运费是多少，那得先知道货运费的总量。还是在数据透视表里，将"运货费"字段拖曳至"值"以生成相应的隐式度量值，如图 7-28 所示。

回到 Power Pivot 里，这时又会得到一个隐式度量——"以下项目的总和：运货费"。

然后咱们写一个单件运费的公式，如图 7-29 所示。

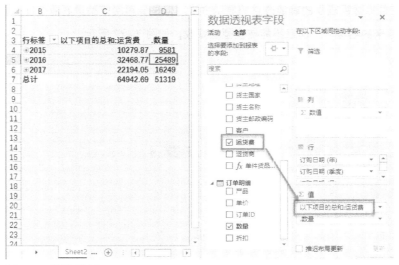

图 7-28　数据透视表

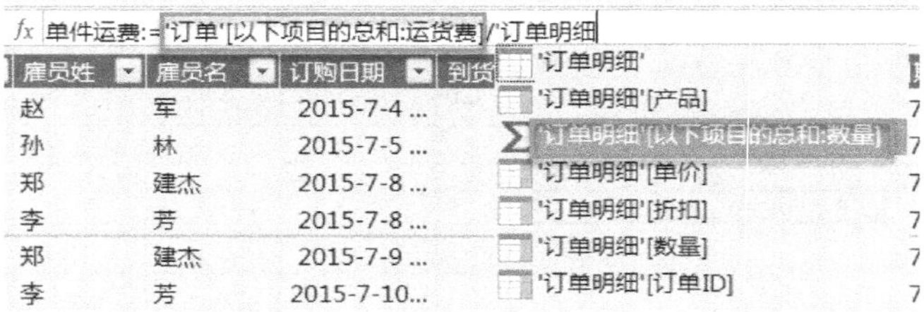

图 7-29　隐式度量值的调用

写完后成这样：

单件运费 :=' 订单 '[以下项目的总和 : 运货费]/' 订单明细 '[以下项目的总和 : 数量]

小勤：公式看起来好长。

大海：看起来长倒无所谓，因为以后你写 DAX 公式时出现很长的情况也多。但是，把一个简单的度量名称搞这么长就变成干扰项了。再多几个要素放进来的话，光搞明白哪个是字段名哪个是表名都很麻烦。

小勤：嗯。看来还是自己写好一些，反正这些本来也很简单，如图 7-30、图 7-31 和图 7-32 所示。

现在公式变这样了，真是清晰多了：

单件运输费 :=' 订单 '[运费]/' 订单 '[销量]

大海：然后咱们做数据透视的时候也清晰了，也不用改名了，如图 7-33 所示。

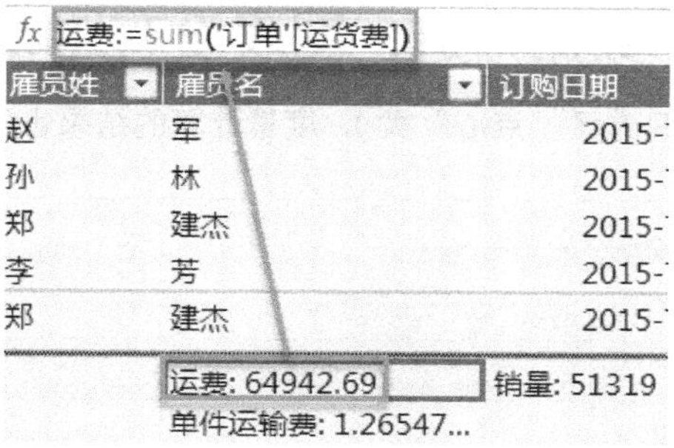

图 7-30　自定义的运费度量值

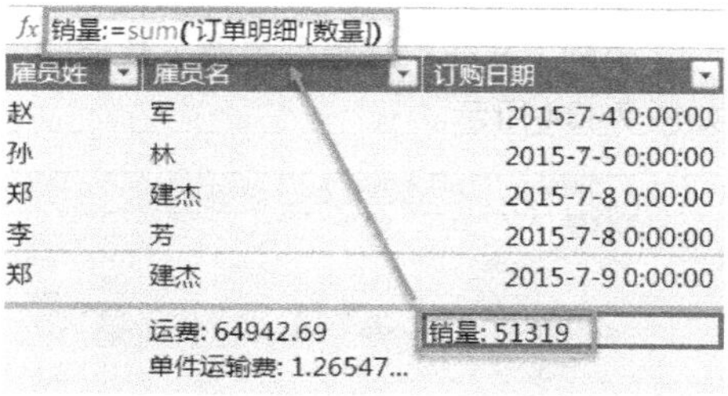

图 7-31　自定义的销量度量值

图 7-32　自定义度量值的调用

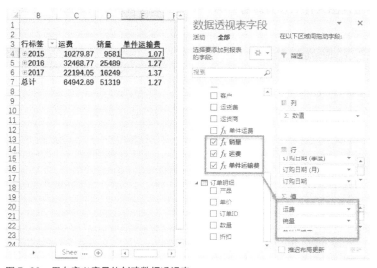

图 7-33　用自定义度量值创建数据透视表

小勤：对呢。而且如果以后在其他公式里要引用这个数据，也更加容易理解是什么内容。

大海：嗯。很多时候，起一个准确的名字真的很重要。

7.8 为什么在数据模型里做了数据筛选，图表没有跟着变

小勤：我在数据模型里做了数据的筛选（只选了"点心"类），度量计算的结果也变了，如图 7-34 所示。

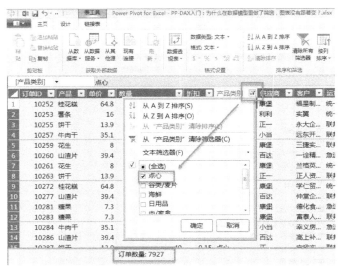

图 7-34 筛选数据及度量值变化

可是，我做的数据透视图为什么没有跟着变啊？不是应该只有点心的数据吗？如图 7-35 所示。

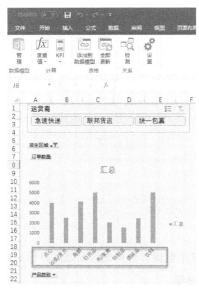

图 7-35 数据透视图

大海：这里面要注意两个问题。

（1）不要和 Power Query 的数据操作混淆。在 Power Query 里做数据筛选，最后的结果是筛选后的结果，因为 Power Query 就是针对数据本身进行处理的（Power Query 其实也不删除数据，只是你习惯只使用筛选后的数据结果而已）。

（2）你在 Power Pivot 界面里看到的表只是数据模型的一种表现形式（可以认为是数据模型最原始的一种表现形式），跟在 Excel 界面里做的数据透视图是一样的，它并不是数据本身，各种表现形式之间并不存在必然的联系，表现形式跟数据模型之间的关系大概如图7-36 所示。

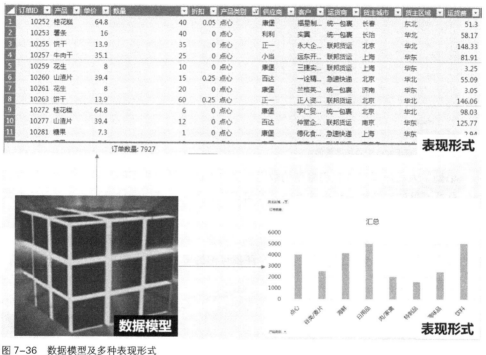

图 7-36　数据模型及多种表现形式

小勤：那在数据模型那个界面里不是可以增加计算列、计算字段（度量）吗，感觉就是在操作数据模型啊？

大海：并不是因为可以在这个界面里写一些公式就代表是直接操作数据，只是有些操作只能在这种最原始的表现形式中去实现而已（比如增加计算列等），其实在任何一种表现形式里都可以增加度量值。比如，在数据透视图的界面中，可以右击表名称，在弹出的菜单中选择"添加度量值"命令；又或者在 Excel 界面中，切换到"Power Pivot"选项卡，单击"度量值"按钮，同样也可以添加度量值，如图 7-37 所示。

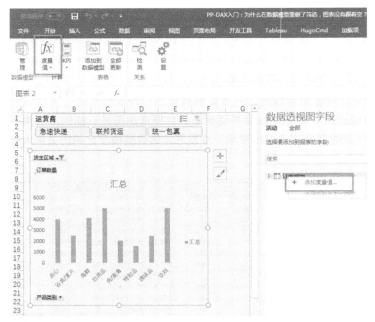

图 7-37 在 Excel 中添加度量值

小勤：大概理解了，我们看到的数据其实只是数据模型的不同的表现形式，而数据模型我们是看不见的。各种表现形式之间并没有直接联系，在其中一种表现形式中筛选的数据并不影响另一种形式里的数据。

大海：对。如果针对一个数据模型，到了数据分析阶段，你在表里筛选一下数据，别人做的数据分析图里的数据都没了，那是一件多可怕的事情啊！

小勤：有道理。

第8章
DAX语言进阶

8.1　无动态，不智能——谈谈 DAX 语言函数的计算环境（上下文）

小勤：Power Pivot 或 BI（商务智能）到底和 Excel 有什么不一样啊？最后不也是输出一堆图或表吗？ Excel 也能实现啊。

大海：用 Excel 也可以做图表，能做得很漂亮且可能更个性化，但你有没有发现，用 Excel 做动态图表挺麻烦的？

小勤：这倒是，所以很多"大神"研究了很多怎么样结合控件来做动态数据筛选，但感觉操作起来比较麻烦，而且灵活性实际也不是很高。

大海：仔细想想，做动态数据分析，其实就是一个根据实际需要，快速筛选出所需要的数据，然后对筛选过的数据进行各种计算的过程。

小勤：感觉好抽象啊。能不能举个例子来看看？

大海：好吧，我们先看一个简单的数据分析的例子。在这个例子中只有一张表，先添加到数据表中，然后添加一个度量值"订单数量 :=sum(' 订单明细 '[数量])"，如图 8–1 所示。

接下来创建一个数据透视图（按产品类别的订单数量），并添加"货主区域"为筛选条件，添加"运货商"为切片器，如图 8–2 所示。

这时，如果通过筛选条件或切片器进行数据的选择，则图形会随之变化。

小勤：这不是很自然的问题吗？

大海：你有没有想过，你在写度量时只用了一个 SUM 函数，只引用了订单明细表里的数量列，而且在数据模型里有一个明确的结果（51319），如图 8–3 所示。但到了分析图里它就变了。如果在 Excel 里用 SUM 函数求和，那么它会跟着你的筛选条件的改变而改变吗？

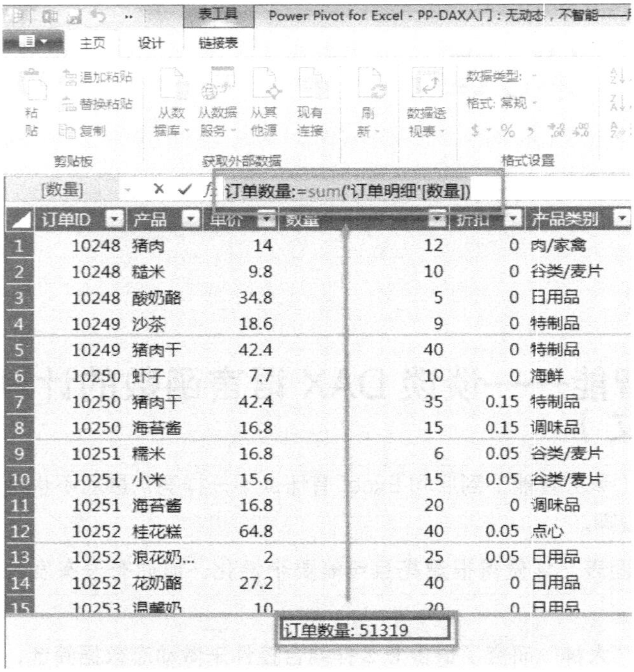

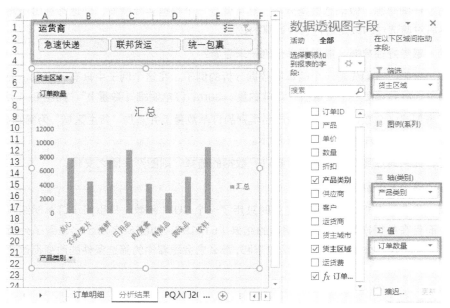

图 8-1 添加度量值

图 8-2 带切片器的数据透视图

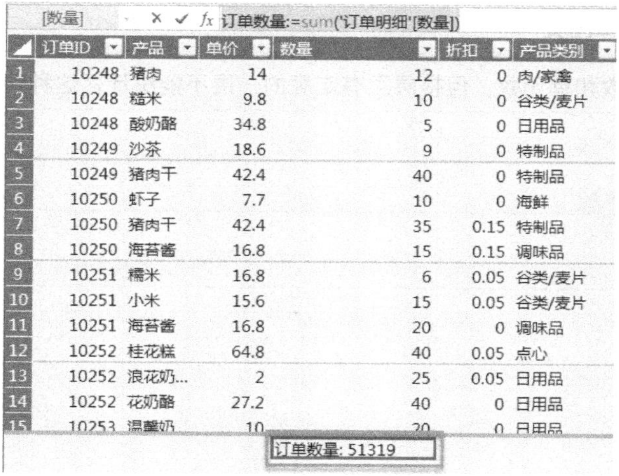

[数量] fx 订单数量:=sum('订单明细'[数量])

	订单ID	产品	单价	数量	折扣	产品类别
1	10248	猪肉	14	12	0	肉/家禽
2	10248	糙米	9.8	10	0	谷类/麦片
3	10248	酸奶酪	34.8	5	0	日用品
4	10249	沙茶	18.6	9	0	特制品
5	10249	猪肉干	42.4	40	0	特制品
6	10250	虾子	7.7	10	0	海鲜
7	10250	猪肉干	42.4	35	0.15	特制品
8	10250	海苔酱	16.8	15	0.15	调味品
9	10251	糯米	16.8	6	0.05	谷类/麦片
10	10251	小米	15.6	15	0.05	谷类/麦片
11	10251	海苔酱	16.8	20	0	调味品
12	10252	桂花糕	64.8	40	0.05	点心
13	10252	浪花奶...	2	25	0.05	日用品
14	10252	花奶酪	27.2	40	0	日用品
15	10253	温馨奶	10	20	0	日用品

订单数量: 51319

图 8-3　有明确结果的度量值

小勤：这个倒是，在 Excel 里用 SUM 函数是无法实现的，但用 SUBTOTAL 函数可以实现类似的统计。

大海：Excel 里 SUBTOTAL 函数是只对显性的数据进行计算，在 Power Pivot（BI）里，我们实现的可就是完全动态的计算了。

小勤：这是不是说，在 Power Pivot 里，SUM 函数的计算结果是随着筛选（切片）的情况而随机应变的?

大海：说得很好，所谓的动态、智能，就是能随机应变！在 Power Pivot 里，函数的计算就是随机应变的，但到底怎么计算，首先要看所处的环境，当对运货商或对货主区域进行筛选时，SUM 函数的计算环境就变了，所以它的计算结果也就随之而变了——目前这种通过筛选的方法改变“计算环境”的概念有一个专业叫法——筛选上下文。

小勤：本来 SUM 函数很简单，可你一说专业名词我又觉得太抽象了！

大海：不用着急，你现在先知道这个概念就行：Power Pivot（BI）里的大部分函数计算时都是受计算环境影响的，会随着切片、筛选的数据情况而动态变化。即你筛选了什么数据出来，系统就计算什么数据；如果你什么数据都不选，系统就当作你选了所有数据。

小勤：什么数据都不选系统就当作选了所有的数据?

大海：对，你看刚开始写度量的时候不就是一个总数吗?

小勤：为什么又说是“大部分函数”是这样的呢？有特例吗?

大海：虽然大部分时候是需要计算的数据动态变化的，但肯定有些时候对于有些数据是不希望其随着筛选而变化的。所以，有些函数就是用于实现这些功能的，或者再进一步强化筛选的，后续你慢慢学习就可以理解了。

小勤：好的。我先多做几个图表来理解一下“筛选上下文”吧。

8.2 有条件的计数问题

小勤：要统计每栋楼的楼层数和单元数，但楼层里有走廊的一层不能统计，这种情况怎么办？如图 8-4 所示。

	A	B	C
1	栋	楼层	单元
2	T1	A1	K1
3	T1	A2	K2
4	T2	A1	K1
5	T2	A2	K2
6	T2	A3	K3
7	T2	A4	K4
8	T2	走廊	K5

图 8-4　待统计数据

大海：这个问题通过 Power Pivot 来实现其实非常简单。但要学习一个重要函数。

小勤：什么函数？

大海：CALCULATE——Power Pivot 里特有的超级强大函数。

小勤：具体怎么用呢？直接以上面这个例子先试试？

大海：好！将数据添加到数据模型后，添加的度量值如图 8-5 所示。DAX 公式为：

非走廊:=CALCULATE(
　　　　COUNTA([楼层]),
　　　　'表3'[楼层]<>"走廊"
)

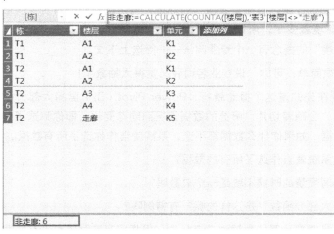

图 8-5　添加度量值

这时再创建数据透视表就没问题了，如图 8-6 所示。

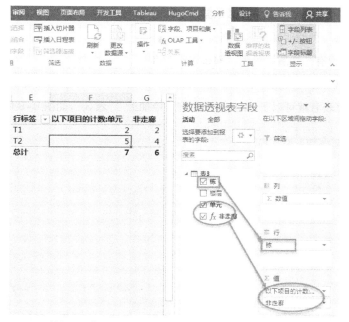

图 8-6　数据透视表

小勤：就要实现这样的计算效果！不过这个公式有点复杂。那个 CALCULATE 函数有什么用？

大海：CALCULATE 函数里有两个参数。第 1 个参数是 COUNTA，即对楼层进行计数；第 2 个参数是一个条件。整个公式的意思是，基于第 2 个参数给定的条件用 COUNTA 函数计算楼层数。

小勤：经你这么一说，感觉好像也不难理解了。可是为什么我写的公式报错了（见图 8-7）？

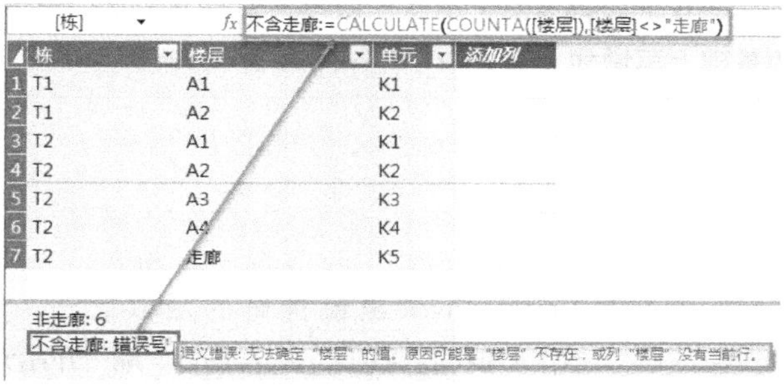

图 8-7　错误的度量值公式

大海：你看一下错误提示。

小勤：看不懂，什么叫"无法确定'楼层'的值"？

大海：意思是在这个模型里不知道该用什么数据。

小勤：还是不懂。"楼层"列明明就在这里啊！

大海：如果另一个表里也有"楼层"列呢，那么该怎么办？

小勤：……

大海：在"楼层"前加上表名就可以了，比如在这个例子中加上"'表 3'"，如图 8-8 所示。

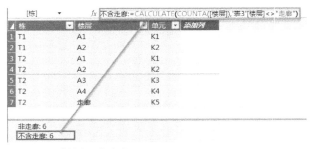

图 8-8　正确的度量值公式

小勤：啊，原来是这样。

大海：度量是可以在任意表里新建的，也适用于整个模型的任何地方调用，所以一定要加上表名，以说明相应的数据到底来自于哪里。

小勤：我明白了。

8.3　改变筛选上下文之忽略（"删"）

小勤：在默认情况下，度量的计算是随着计算环境（筛选上下文）的选择而动态变化的，但有时候就是需要保持其不变，那怎么办？

大海：在实际工作中经常会碰到这种情况，所以我们要让 DAX 能修改现有的上下文。不过，改变现有上下文的情况比较多，比如全部忽略上下文、忽略一部分上下文、用新的上下文覆盖原来的上下文、在原来的基础上再增加上下文……

小勤：啊！没想到还有这么多种情况。

大海：其实，总结起来无非就是"增""删""改"。

小勤：那具体该怎样操作呢？

大海：前面说到，CALCULATE 函数是 Power Pivot 里最神奇的函数之一，因为 CALCULATE 函数就是为我们提供"增""删""改"功能的。我们先从常用的"删"开始介绍。比如现在有一个简单的度量值"销售量 :=SUM(' 表 3'[销量])"，如图 8-9 所示。

在数据透视表里，这个度量值会随着行列维度（筛选上下文）而变化，如图 8-10 所示。

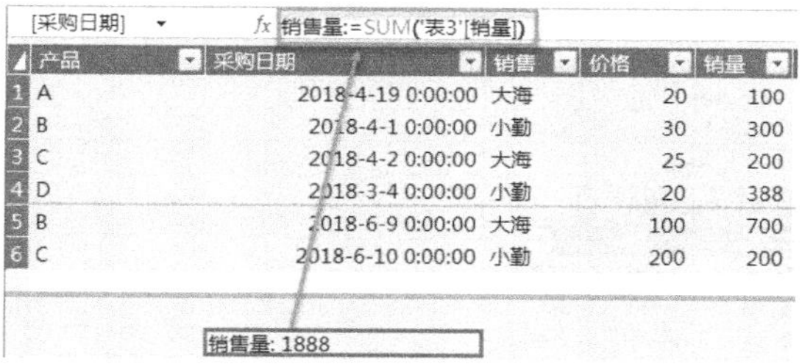

图 8-9　添加度量值

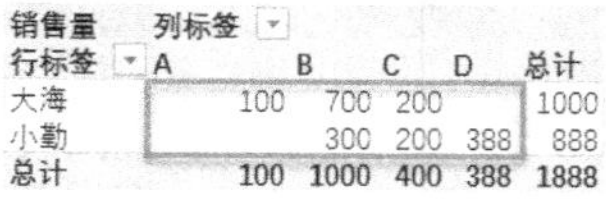

图 8-10　数据透视结果

如果要把这些筛选上下文去掉，即销售量不随相应的行列维度（筛选上下文）而变化，就需要把这些影响计算的上下文给去掉（可以理解为"删"）。这时就可以用 CALCULATE 函数加 ALL 函数来完成，新增度量值"全部销量 :=CALCULATE(' 表 3'[销售量],ALL(' 表 3'))"，如图 8-11 所示。

把这个度量也放到透视表里，如图 8-12 所示。

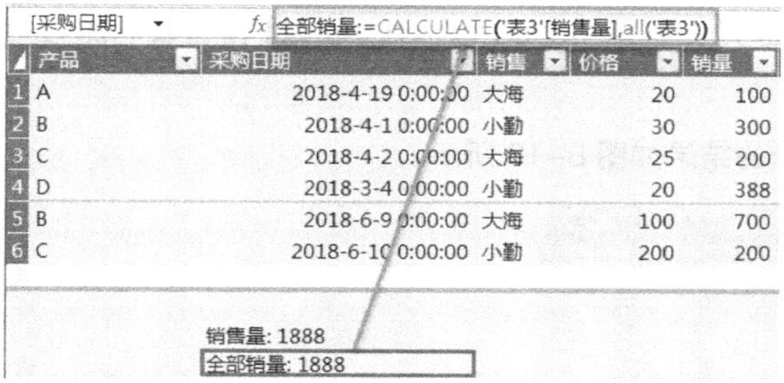

图 8-11　添加度量值

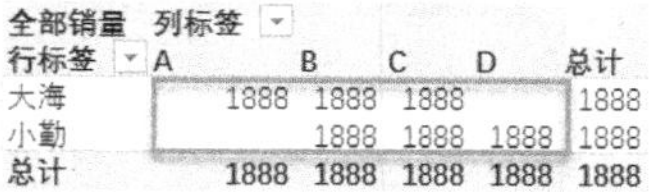

图 8-12　数据透视结果

小勤：这样两个维度都不起作用了。

大海：对，也就是说，原来影响度量计算的维度（筛选上下文）都被忽略（"删"）了。这时如要实现部分和总体之间的比较（占比）就很简单了。选中需要存放度量值的位置，在公式栏中输入度量值"销量占比 :=DIVIDE(' 表 3'[销售量],' 表 3'[全部销量])"，按 Enter 键后，切换到"主页"选项卡，单击"%"按钮将单元格格式设置为百分比格式，如图 8-13 所示。

小勤：DIVIDE 是什么函数？为什么要用这个函数？直接将两个值相除就行了吗？

大海：DIVIDE 是 Power Pivot 里的安全除法函数，因为两个数相除有可能会遇到被除数为"0"的情况，如果直接用两个数相除的方式，则可能会引发错误。因此，建议在 Power Pivot 里中采用 DIVIDE 函数来计算。

小勤：又学习了一个新函数。

大海：这样得出的销售占比就会随着分析维度（筛选上下文）的变化，而得到各种维度下的销量与总销量的比值了，因为"全部销量"不会随着分析维度的变化而变化。放到数据透视表里的结果如图 8-14 所示。

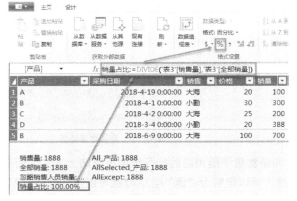

图 8-13　添加度量值并调整格式

行标签	销售量	全部销量	销量占比
A	100	1888	5.30%
B	1000	1888	52.97%
C	400	1888	21.19%
D	388	1888	20.55%
总计	1888	1888	100.00%

图 8-14　数据透视结果

小勤：如果我们只需要忽略一部分呢？

大海：那就在 All 函数里写清楚要忽略的具体字段。比如我们要写一个度量，忽略销售人员信息，则新增度量值"忽略销售人员销量 :=CALCULATE(' 表 3'[销售量],all(' 表 3'[销售]))"，如图 8-15 所示。

这个度量值在数据透视表里显示的结果如图 8-16 所示。

图 8-15　添加度量值

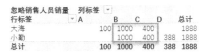

忽略销售人员销量	列标签				
行标签	A	B	C	D	总计
大海	100	1000	400		1888
小勤		1000	400	388	1888
总计	100	1000	400	388	1888

图 8-16　数据透视结果

小勤：为什么其中只有 B 产品和 C 产品忽略了销售人员呢？为什么 A 产品的值不都是100 呢？

大海：对 A 产品来说，维度 A 产品和销售人员小勤的组合为空，所以会显示为空。

小勤：如果需要忽略多个字段呢？

大海：All 函数是支持多个参数的。

小勤：另外，如果要忽略一个表里很多列的上下文，而不需要忽略的反而少一些，那么能不能选择哪些是不需要忽略的上下文呢？

大海：那就使用 AllExcept 函数，比如在整张工作表里，除"产品"字段外，其他的上下文都忽略，如图 8-17 所示。

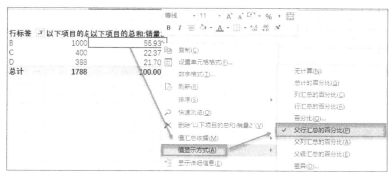

图 8-17　添加度量值

小勤：另外，用 CALCULATE 函数改变筛选上下文，忽略（"删"）现有筛选器时，整张表或整个字段都不起作用了，如果只是希望忽略某个字段中的一部分内容呢？比如我想看看某个产品在我选择的产品中的销量占比（类似于在数据透视中设置父行汇总百分比），如图 8-18 所示，该怎么办？

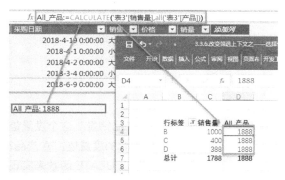

图 8-18　父行汇总百分比的数据透视

大海：你这不都实现了吗！

小勤：这是通过数据透视表功能来实现的，但不能总靠透视表操作啊，有时需要生成一些图表怎么办？所以最好还是能学会自己计算。可是如果用 All 函数，得到的是所有产品的销售量的和，如图 8-19 所示。

图 8-19　生成结果

大海：在这种情况下，可以用 AllSelected 函数，这样就会按你筛选后的数据进行计算了，如图 8-20 所示。

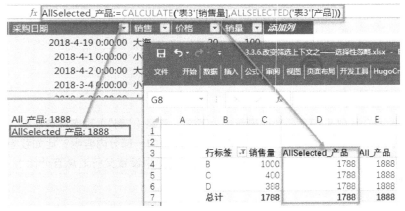

图 8-20　添加度量值

小勤：这个正是我需要的。

大海：这样计算的结果既忽略了"产品"这个上下文，即透视表不会因为当前行产品（如是某个产品 B）就只计算该产品（产品 B）的数据，又考虑了所有筛选结果（如筛选出来的 B、C、D 三种产品）的情况。

小勤：如果能计算这个汇总值，那么也就很容易计算其占比了。

大海：对。

8.4　改变筛选上下文之覆盖（"改"）

小勤：用忽略筛选上下文的方式，能够实现部分和总体（All）的比较，或者部分和选择汇总（AllSelected）的比较。但是，如果我想实现各部分之间的比较呢？比如各种产品和 A 产品的比较的报表，如果能直接通过数据透视自动得出来就太好了，如图 8-21 所示。

产品	销售量	A产品销量	对A产品销量倍率
A	100	100	1
B	1000	100	10
C	400	100	4
D	388	100	3.88
总计	1888	100	18.88

图 8-21　数据处理要求

大海：当然可以。实际上，无论产品维度选择了什么，"A 产品销量"这个度量值只统计产品 A 的数据，这时候，相对于"销售量"这个随着产品维度变化的度量值，"A 产品销量"要把"产品"这个上下文给"覆盖"，也就是"改"掉。通过 CALCULATE 函数来实现这个效果非常简单,新增度量值"A 产品销量 :=CALCULATE(' 表 3'[销售量],' 表 3'[产品]="A")",
如图 8-22 所示。

　　然后就可以继续创建其他产品"对 A 产品的销量倍率"度量了:"对 A 产品销量倍
率 :=DIVIDE(' 表 3'[销售量],' 表 3'[A 产品销量])",如图 8-23 所示。

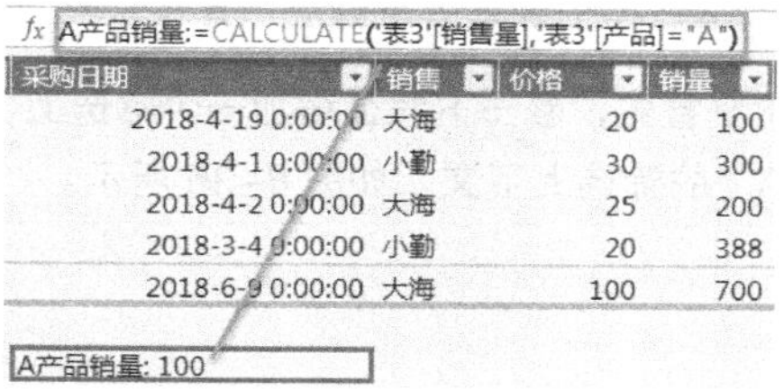

图 8-22　添加度量值 1

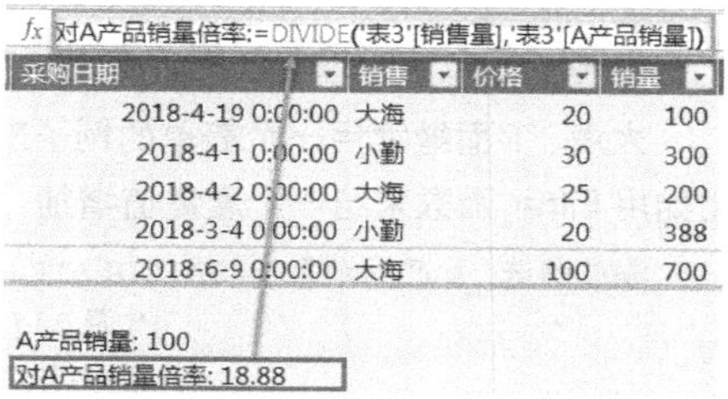

图 8-23　添加度量值 2

　　这样,产品之间的销量对比的报表又可以通过数据透视来实现自动化了,效果如图 8-24
所示。

行标签	销售量	A产品销量	对A产品销量倍率
A	100	100	1
B	1000	100	10
C	400	100	4
D	388	100	3.88
总计	1888	100	18.88

图 8-24　数据透视结果

　　小勤:这么简单?

　　大海:对。在写法上就是这么简单,但一定要理解其真正的含义。这里的"' 表 3'[产品]="A""
直接采用字段作为判断条件,就是说,如果在计算时发现已经存在这个字段的筛选上下文(数
据透视表中的"产品"行标签),那么 CALCULATE 函数会用新的条件直接"覆盖"原来的条件。

　　小勤:为什么不是在原来的基础上"增加"这个条件呢?

　　大海:正因为是"覆盖",所以,当行里是"产品 A"以外的产品时,"A 产品销量"仍
然有计算结果。如果是在原来的基础上"增加"这个条件,那么除了"产品 A"这一行以外,
其他行里都将没有结果,因为不可能存在既是"A"又是"B"产品。

　　小勤:好的,那么如果原来就没有这个字段作为筛选上下文呢?

　　大海:那么 CALCULATE 函数就会增加这个筛选上下文,结果如图 8-25 所示。

行标签	销售量	A产品销量	对A产品销量倍率
大海	1000	100	10
小勤	888		
总计	1888	100	18.88

图 8-25　数据透视结果

小勤：也就是说，在原来的筛选上下文（销售人员）的基础上再增加“产品为 A”的条件？

大海：对。你可以仔细对比一下源数据和数据透视的结果，体会一下其中的计算原理。

8.5 改变筛选上下文之添加（“增”）

小勤：前面说“覆盖”筛选上下文和“增加”筛选上下文是有差别的，具体是怎样的？

大海：下面继续用一个简单的例子来介绍一下。首先，看一下怎么增加一个筛选上下文，比如用 Filter 函数来给一个度量值增加“产品为 A”的筛选上下文，如图 8-26 所示。

```
添加筛选 _A 产品销量 :=CALCULATE(
                        '表 3'[ 销售量 ],
                        FILTER(
                              '表 3',
                              '表 3'[ 产品 ]="A"
                              )
                        )
```

把这个度量与“覆盖”了筛选上下文（产品）的度量放到同一个数据透视表里对比一下，如图 8-27 所示。

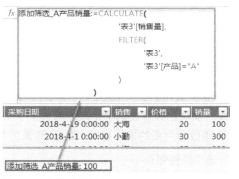

图 8-26 添加度量值

行标签	销售量	A产品销量	添加筛选_A产品销量
A	100	100	100
B	1000	100	
C	400	100	
D	388	100	
总计	**1888**	**100**	**100**

图 8-27 数据透视表结果

可以看出，原来的筛选上下文（数据透视表中的“产品”行标签）仍然起作用，与新增加的“产品为 A”的条件共同发挥作用，因此，只有“产品为 A”这一行有数据。

小勤：原来通过 FILTER 函数“增加”的筛选器与“覆盖”原来的筛选器有这样的差别。

大海：我们再深入理解一下整个公式的上下文情况。实际上，外部上下文（产品表）首先影响 FILTER 函数内的表，然后 FILTER 函数对该表的内容进一步添加筛选条件（产品为 A），从而将筛选出“表 3”里“产品为 A”的内容交给 CALCULATE 函数计算，如图 8-28 所示。

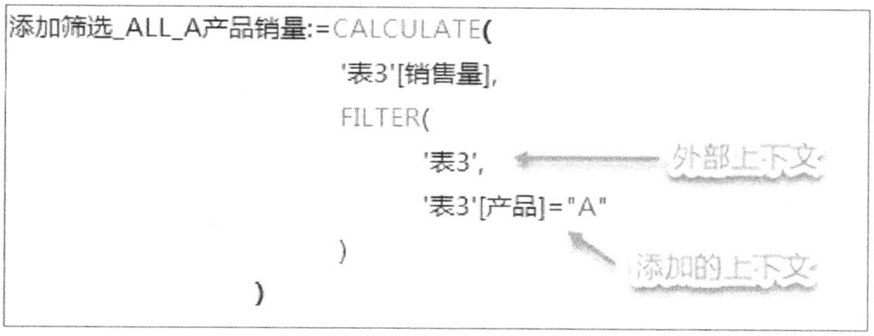

添加筛选_ALL_A产品销量:=CALCULATE(
'表3'[销售量],
FILTER(
'表3',
'表3'[产品]="A"
)
)
外部上下文
添加的上下文

图 8-28　影响公式的计值上下文

小勤：所以说，新加的条件是在外部上下文的基础上“增加”的？

大海：对。再进一步举个例子，在 FILTER 函数内，如果对“表 3”增加一个 All 函数，你说会发生什么事情？

小勤：All 函数会把外部上下文都忽略吗？那又相当于“覆盖”了（见图 8-29）？

添加筛选_ALL_A产品销量:=CALCULATE(
'表3'[销售量],
FILTER(
ALL('表3'),
'表3'[产品]="A"
)
)
采购日期
2018-4-19 0:00:00
添加筛选_A产品销量: 100
添加筛选_ALL_A产品销量: 100
行标签
销售量
A产品销量
添加筛选_ALL_A产品销量
A
B
C
D
总计

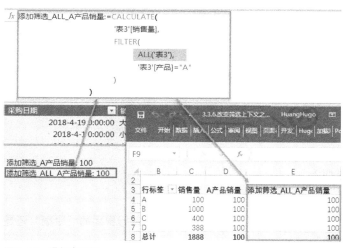

图 8-29　添加度量值

大海：是的。关于 CALCULATE 函数的应用一定要多练习，不断加深对筛选上下文“增”“删”“改”的充分理解，再结合其他函数进行综合运用，你就可以实现各种复杂的运用了。

8.6　行上下文的概念

小勤：往订单明细表里添加每样产品的销售金额很简单，添加计算列即可，如图 8-30 所示。

图 8-30　添加计算列

"金额"这一列里每一个公式都是一样的,但出来的结果却不一样,(见图 8-31)为什么?难道也跟前面说的"筛选上下文"有关?

图 8-31　相同的计算列公式

大海：你做过什么筛选吗?

小勤：没有……

大海：所以这个公式跟筛选没什么关系。无论怎么筛选,每行里面的"金额"还是等于各行里的"单价"乘以"数量"。

小勤：那是怎么回事呢? 还是每行里就是这么规定的, 只要添加列, 这个公式就只对当前行进行计算?

大海：你说对了一部分。在 Power Pivot 中,除"筛选上下文"外,还有一个"行上下文"……

小勤："行上下文"? 就是公式会按照每行当前的环境进行计算吗?

大海：如果真的是这么简单就好了。在 Power Pivot 里,"行上下文"看上去很简单,但其实它是最难理解的内容之一。你猜一下, 如果再增加一个计算列, 在新的列中的每一行对求出来的金额进行求和（见图 8-32）,则会得出什么结果?

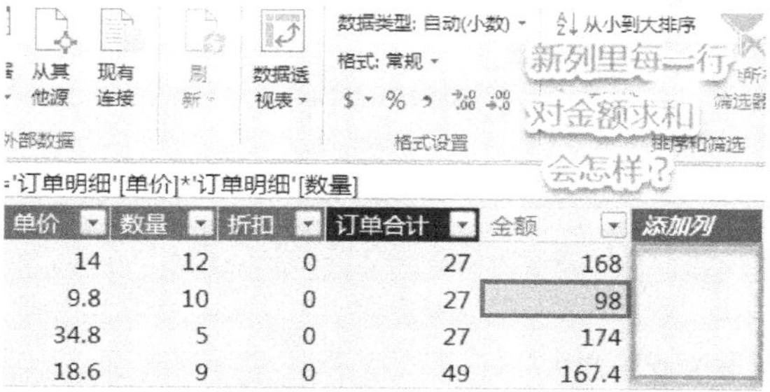

图 8-32　添加求和列尝试

小勤：那还是当前行那个金额吧，不是仍然在当前行进行计算吗？

大海：你先试试？

8.7　行上下文的困惑：聚合函数怎么了

小勤：我试一下添加计算列对金额求和，结果好奇怪啊！全都变成一样的了，如图 8-33 所示。

图 8-33　添加计算列

大海：嗯。是不是跟想象的不一样？

小勤：为什么会这样呢？不是应该受"行上下文"影响吗？

大海：这里有一个重要的知识点。在 Power Pivot 里，聚合函数是会忽略行上下文的，所以 SUM 函数求的是整列的和。

小勤：所有聚合函数都这样吗？

大海：对，比如对所有行进行计数（COUNT），结果如图 8-34 所示。

图 8-34　计数

求不重复数（DISTINCTCOUNT），结果如图 8-35 所示。

图 8-35　求不重复数

小勤：原来是这样即可。

大海：还有个问题，还记得"筛选上下文"吗？

小勤：当然记得，如果进行了筛选，那函数会对筛选的数据进行计算。

大海：这个你再筛选看看。

小勤：咦，怎么筛选不起作用了？如图 8-36 所示。

订...	产品	单价	数量	折扣	订单...	金...	金额之和	行计数	不重复订单数
1	10249	猪肉干	42.4	40	0	49	1696	9962	17	6
2	10250	猪肉干	42.4	35	0.15	60	1484	9962	17	6

图 8-36　不随筛选变化的计算列

大海：这也是一个需要注意的地方。添加计算列时写的公式，其结果不会随着后续的筛选上下文而变化。

小勤：这个"行上下文"还真是不简单。

大海：慢慢来，现在先知道这两种情况，在 Power Pivot 里写公式跟 Excel 里的感觉不一样，这是一个思路转换的过程，会有一点儿难，但以后通过一些实战慢慢熟悉了就好了。

小勤：好的。

8.8　行上下文的转换，在计算列中使用度量值

小勤：聚合函数（如 Sum 等）会忽略行上下文，那如果要实现相应的聚合计算该怎么办？比如求某个订单各项明细的金额之和，岂不是没有办法了？

大海：这么常见的需求，Power Pivot 里怎么可能没有办法呢！呵呵。

小勤：那到底怎么办啊？行上下文都不起作用了，还能怎样去分清楚每行之间的不一样啊？

大海：用 CALCULATE 函数就行。

小勤：又是 CALCULATE 函数？

大海：对，CALCULATE 函数不仅能改变筛选上下文，还能将行上下文转换为筛选上下文！比如要在订单表里得到订单明细表里的"金额"之和，可以添加列，写公式"=CALCULATE(SUM(' 订单明细 '[金额]))"，如图 8-37 所示。

Power Query和Power Pivot实战

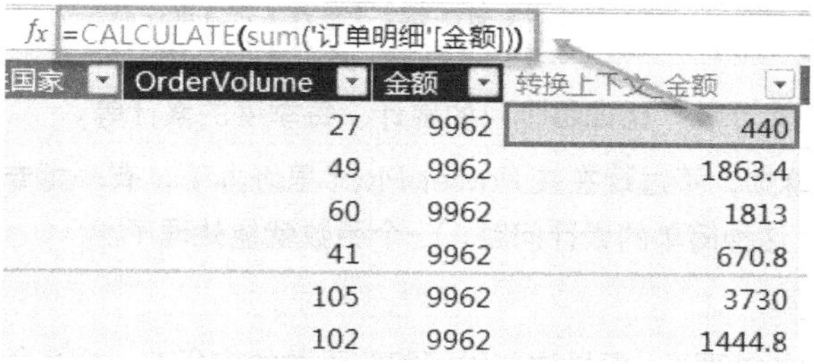

fx =CALCULATE(sum('订单明细'[金额]))

国家	OrderVolume	金额	转换上下文_金额
	27	9962	440
	49	9962	1863.4
	60	9962	1813
	41	9962	670.8
	105	9962	3730
	102	9962	1444.8

图 8-37　添加计算列

小勤：加一个 CALCULATE 函数就可以了？

大海：对。另外其实还有一个方法，比如新建了一个度量值“销售金额 :=sum(' 订单明细 '[金额])”，如图 8-38 所示。

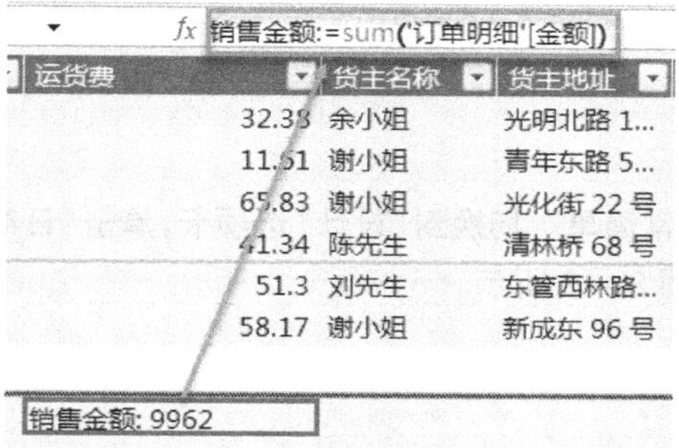

fx 销售金额:=sum('订单明细'[金额])

运货费	货主名称	货主地址
32.38	余小姐	光明北路 1...
11.61	谢小姐	青年东路 5...
65.83	谢小姐	光化街 22 号
41.34	陈先生	清林桥 68 号
51.3	刘先生	东管西林路...
58.17	谢小姐	新成东 96 号

销售金额: 9962

图 8-38　添加度量值

在表里添加列，直接使用该度量值“=' 订单 '[销售金额]”，如图 8-39 所示。

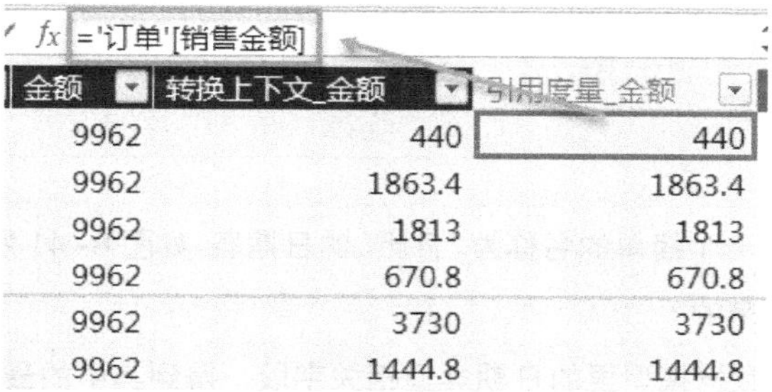

fx ='订单'[销售金额]

金额	转换上下文_金额	引用度量_金额
9962	440	440
9962	1863.4	1863.4
9962	1813	1813
9962	670.8	670.8
9962	3730	3730
9962	1444.8	1444.8

图 8-39　在计算列中使用度量值

小勤：这怎么跟使用 CALCULATE 函数的结果是一样的？

大海：这是 Power Pivot 的一个行上下文转换机制，即在计算列里使用度量值时，会自动将行上下文转换为筛选上下文，这相当于在度量值的计算公式外套了一层 CALCULATE 函数。

小勤：还有这种玩法！我得再写多几个公式体会体会。

8.9 解决年月累计问题，理解日期表与时间智能

小勤：Power Pivot 里怎么实现累计啊？比如每个月的累计、每季度的累计等。

大海：在以前这个问题真的很麻烦，不过现在在 Power Pivot 里好办了，有一批专门用于日期 / 时间方面的智能计算函数。这种简单的累计问题，一个函数就能处理了。

小勤：这么好？那赶紧告诉我啊。

大海：别着急。虽然一个函数就能处理了，但是这些时间智能函数的应用有一个条件——必须先构建日期表。

小勤：日期表？这又是啥？

大海：日期表是一张专门用来记录日期的表。比如从 2015 年 1 月 1 日至 2018 年 12 月 31 日的日期表，就是要求这个表里的每一行是一个日期数据，而且，必须保证这个区间里每一天的数据都有，即"2015 年 1 月 1 日""2015 年 1 月 2 日"……一直到"2018 年 12 月 31 日"。

小勤：这个多麻烦啊！

大海：其实在 Power Pivot 里构建日期表非常简单。切换到"设计"选项卡，单击"日期表"按钮，在弹出的菜单中选择"新建"命令，如图 8-40 所示。

图 8-40　新建日期表

此时，Power Pivot 中就自动生成了一个简单的名称为"日历"的日期表，如图 8-41 所示。

小勤：这个日历表里的日期是怎么来的？

大海：Power Pivot 会检测你目前数据模型里的日期类型相关字段，得到其中的最小年份和最大年份，然后生成最小年份的 1 月 1 日至最大年份的 12 月 31 日的连续日期。如果我们觉得这个生成的日期区间不合适，可以修改它。在"设计"选项卡中，单击"日期表"按钮，在弹出的菜单中单击"更新范围"按钮，如图 8-42 所示。

图 8-41　新建的日期表

图 8-42　更新日期表范围

然后在弹出的对话框中输入"开始日期"和"结束日期",单击"确定"按钮,如图 8-43
所示。

图 8-43　调整日期表的起止日期

小勤:原来这么简单。还以为要自己去输入呢。

大海:这个自动生成的表比较简单,可以用于做数据分析的维度也比较少,其中的字段
名称一半英文一半中文。但改起来也比较容易。另外,还可以进一步增加更多的分析维度,
比如"季度"等,使用的函数跟在 Excel 里类似,在添加列里输入公式"=ROUNDUP('日
历'[MonthNumber]/3,0)",并修改列名为"季度",如图 8-44 所示。

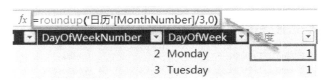

fx =roundup('日历'[MonthNumber]/3,0)

DayOfWeekNumber	DayOfWeek	季度
2	Monday	1
3	Tuesday	1

图 8-44　添加计算列

小勤：计算"季度"的方法挺多，也都不复杂。但是，有了这个日期表，然后怎么用呢？

大海：有了日期表，那就要考虑要对什么日期进行分析。比如根据订单表里的订购日期分析，就将订购日期和日期表的日期进行关联。具体方法是，在 Power Piovt 中，切换到"主页"选项卡，单击"关系图视图"按钮，在关系图视图中，将订单表的"订购日期"字段拖曳至日历表的"Date"字段上，如图 8-45 所示。

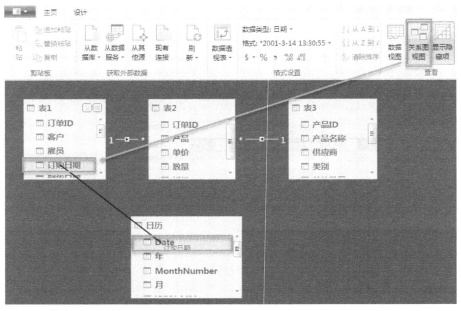

图 8-45　构建表间关系

接下来就可以做各种与日期相关的分析了。为了方便比较，我们先建一个普通的度量值"运费 :=SUM(' 表 1'[运货费])"，如图 8-46 所示。

再新建一个累计到年度的度量"运费 _ 年累计 :=TOTALYTD([运费],' 日历 '[Date])"，如图 8-47 所示。

图 8-46　添加度量值 1

图 8-47　添加度量值 2

然后创建一个数据透视表，来观察这个累计到年的数据有什么特别的地方。具体方法是，切换到"主页"选项卡，单击"数据透视表"按钮，如图 8-48 所示。

图 8-48　创建数据透视表

在弹出的对话框中选择"新工作表"，单击"确定"按钮，如图 8-49 所示。

图 8-49　选择数据透视表的位置

在数据透视表中，将日历表中的"年"和"MonthNumber"拖曳至"行"，将订单表中的"运费"和"运费_年累计"拖曳至"值"，如图 8-50 所示。

这时可以看到，在数据透视表的结果中，"运费"是每个月的运费汇总，而"运费_年累计"则是累计到当前月的数据，一直累计到每年的 12 月份，而新的一年又从第 1 个月开始累计，如图 8-51 所示。

行标签	运费	运费_年累计
⊟1996		
7	1288.18	1288.18
8	1397.17	2685.35
9	1123.48	3808.83
10	1520.59	5329.42
11	2151.86	7481.28
12	2798.59	10279.87
⊟1997		
1	2238.98	2238.98
2	1601.45	3840.43
3	1888.81	5729.24
4	2939.1	8668.34
5	3461.4	12129.74
6	1852.65	13982.39
7	2458.72	16441.11
8	3078.27	19519.38
9	3237.05	22756.43
10	3945.53	26701.96
11	2008.85	28710.81
12	3757.96	32468.77

图 8-50　设置数据透视表字段　　　　　图 8-51　数据透视结果

小勤：这个挺有意思的，一个 TOTALYTD 函数就搞定了，那如果是月累计、季度累计呢？

大海：那就得使用 TOTALMTD 和 TOTALQTD 函数。你试一下就知道了。

小勤：好的。但是，数据透视表里的时间不能用订单表里的"订购日期"列吗？

大海：对，不能。包括写的度量，都必须用日期表里的日期，而不能用订单表里的"订购日期"，否则将会不起作用。这也是为什么在应用时间智能函数之前要先构建日期表的原因。

小勤：还有一个问题，现在是根据订购日期做分析，如果要根据到货日期做分析，该怎么办？

大海：那就再建一个日历表，和到货日期做关联。

小勤：那岂不是要做好多个日期表？

大海：看实际分析需要吧。如果对同一个表里的不同的日期用时间智能函数进行分析，那只能用不同的日期表去做关联，否则在同一个日期表上怎么知道对应哪一个日期呢？虽然 Power Pivot 支持在写公式进行计算时重构表之间的关系，但实际工作中那样做比多建一个日期表要麻烦得多。

小勤：好的。既然能简化计算，那多建一个日期表也不是什么难事。

8.10 解决排名问题，理解迭代与行上下文嵌套

小勤：在 Power Pivot 里怎么实现按条件进行排名呢？如图 8-52 所示，如何增加一列，实现对“姓名”及“公众号”相同的数据按“统计”列的数量大小进行排名？

	A	B	C	D
1	日期	姓名	公众号	统计
2	2018-6-1	大海	Excel到PowerBI	30
3	2018-6-2	大海	Excel到PowerBI	60
4	2018-6-3	大海	Excel到PowerBI	90
5	2018-6-1	小勤	Excel	30
6	2018-6-2	小勤	Excel	60

图 8-52 待处理数据

大海：排名问题是日常工作当中的经典问题，实现的方法有很多。无论是在 Power Query 还是在 Power Pivot 里，实现起来都不难。但在 Power Pivot 里做的时候，有几个知识点很值得去学习。理解了这些知识，对以后进一步实现复杂的计算很有帮助。

先来看一下计算的思路：对于一条数据，如果筛选出“统计”量比它大的所有数据，计算出这些筛选出来的数据有多少行，那就知道这一条数据到底应排在什么位置了。比如，对于“姓名”为“大海”、“公众号”为“Excel 到 PowerBI”的第 1 条“统计”量为“30”的数据，筛选出比它大的有“60”和“90”等两行，我们就可以知道，这条数据的排名应该是在第 3（筛选结果表行数 +1）位。在 Excel 中进行简单筛选，结果如图 8-53 所示。

	A	B	C	D
1	日期	姓名	公众号	统计
3	2018-6-2	大海	Excel到PowerBI	60
4	2018-6-3	大海	Excel到PowerBI	90

图 8-53 筛选数据

小勤：这个思路不难理解，但是到写公式的时候就感觉有点儿难，感觉不知道怎么下手。

大海：不着急，我们可以从所需要得到的结果往回推，一个问题一个问题地解决掉。首先将要得到的结果是筛选结果表的行数加 1，这个在 Power Pivot 里有一个函数——COUNTROWS 可以做到，所以，最终的公式写起来应该是这个样子的：

```
= COUNTROWS ( 筛选的结果表 ) +1
```

小勤：嗯。这个也不难，但是，怎么能把这个"筛选的结果表"做出来呢？

大海：通过筛选条件得到表，可以使用 FILTER 函数。

小勤：用 FILTER 函数？这个函数不是用来给 CALCULATE 函数添加计值上下文的吗？

大海：这个理解不对哦。正确的理解应该是，CALCULATE 函数接受 FILTER 函数所得到的内容来添加计值上下文。FILTER 函数的本质是对一个表按照筛选条件迭代（逐行）判断每一条数据是否符合条件，然后返回一个筛选的结果表。比如要返回这个例子数据中"姓名"为"大海"的内容，则公式的表达方法如下：

```
= FILTER ( 数据表 , 姓名列 = " 大海 " )
```

小勤：迭代（逐行）？具体是什么意思？

大海："迭代"其实就是给你一个表，你一行行地去取其中的数据，然后按需要进行判断或计算，一直到把整个表的数据都处理完，所以也可以简单地将其理解为"逐行"处理。

小勤：原来这样。那用 FILTER 函数就可以处理啦。

大海：也没这么简单，我们先把数据添加到数据模型，如图 8-54 所示，数据都在"总表"里。然后再来看看在 Power Pivot 里会遇到什么问题。

	日期	姓名	公众号	统计
1	2018-6-1 0:00:00	大海	Excel到PowerBI	30
2	2018-6-2 0:00:00	大海	Excel到PowerBI	60
3	2018-6-3 0:00:00	大海	Excel到PowerBI	90
4	2018-6-1 0:00:00	小勤	Excel	30
5	2018-6-2 0:00:00	小勤	Excel	60

总表 分表

图 8-54 添加到数据模型的数据

刚才对 FILTER 函数的写法里简单举例，采用是固定的姓名。但是，我们实际要实现的是动态判断，即要根据当前行的某些条件（如"姓名"或"公众号"等）动态地对一个表进行筛选，最终公式大概会是这个样子：

```
排名 = COUNTROWS(
        FILTER(
            ' 总表 ',
            ' 总表 '[ 姓名 ]= 当前行的姓名
                && ' 总表 '[ 公众号 ]= 当前行的公众号
                && ' 总表 '[ 统计 ]> 当前行的统计
            )
    )+1
```

小勤：我知道了，问题在于"当前行"的各项内容怎么确定？总不能用"' 总表 '[姓名]="

总表 '[姓名]" 吧！

大海：对。因为这个公式要写在新增的计算列里，也就是说，FILTER 函数对"总表"进行迭代判断，但是，这个公式又在"总表"的行里面，相当于被套多了一层行上下文。而用 FILTER 进行迭代判断时，就要想办法找到套在 FILTER 函数外面的"当前行"的相关内容，如图 8-55 所示。

图 8-55　嵌套的行上下文

小勤：啊！这可怎么办？

大海：既然有这种需要，那 Power Pivot 自然就会提供相应的解决办法——EARLIER 函数。我把整个公式给你，你自然就明白了，如图 8-56 所示。

```
=COUNTROWS(
    FILTER(
        ' 总表 ',
        ' 总表 '[ 公众号 ]=EARLIER(' 总表 '[ 公众号 ])
            &&' 总表 '[ 姓名 ]=EARLIER(' 总表 '[ 姓名 ])
            &&' 总表 '[ 统计 ]>EARLIER(' 总表 '[ 统计 ])
    )
) + 1
```

```
=COUNTROWS(
    FILTER(
        '总表',
        '总表'[公众号]=EARLIER('总表'[公众号])
                &&'总表'[姓名]=EARLIER('总表'[姓名])
                &&'总表'[统计]>EARLIER('总表'[统计])
    )
) + 1
```

姓名	公众号	统计	排名
大海	Excel到PowerBI	30	3
大海	Excel到PowerBI	60	2
大海	Excel到PowerBI	90	1
小勤	Excel	30	2
小勤	Excel	60	1

图 8-56　添加计算列

小勤：原来直接用 EARLIER 函数就可以跳出这个"圈套"啦！不过还有一个问题，现在只是套了一层，会不会有套好多层的情况呢？

大海：当然可能会有啊，所以 EARLIER 函数其实是有两个参数的，第 2 个参数就是用来告诉 Power Pivot 到底要往外跳多少层的，但实际工作中用得比较少。

小勤：嗯。知道了。另外，刚才提到 FILTER 函数是对表进行迭代处理的，那 Power Pivot 里还有什么其他函数是对表进行迭代处理的吗？

大海：很多啊。比如 SUMX、COUNTX、AVERAGEX、MINX、MAXX等。这些函数的基本含义和相对应的求和、计数、求平均、最小值、最大值等类似，本身的用法也不复杂，但功能却十分强大。比如 SUMX 函数，可以对一个表进行迭代汇总计算，比如可以对"总表"里的"统计"量进行有条件（"统计"量大于 50 的数据）的汇总，如图 8-57 所示。

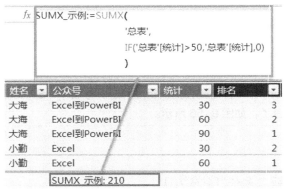

图 8-57　添加度量值

```
SUMX_ 示例 :=SUMX (
        ' 总表 ',
        IF(' 总表 '[ 统计 ]>50,' 总表 '[ 统计 ],0)
        )
```

小勤：我正奇怪为什么有了 SUM 函数，还要有 SUMX 之类的函数呢，原来可以对表进行逐行地迭代处理（加入各种计算公式得到结果）后再进行汇总！

大海：对。所以，到底想怎么计算，你就可以很自由地进行处理了。

8.11　解决同比增长计算，进一步理解 DAX 计算思想

小勤：现在公司想做产品销售的同比分析，看一下各个月不同产品的销售增长情况。

大海：同比分析的需求非常常见。但在做的过程中，可能有些细节需要处理一下，比如上一年某些月份没有数据，这该怎么办呢？不过，这些在 Power Pivot 里都可以比较轻松地处理掉。我们还是用具体的例子来看吧。

（1）将订单表、订单明细表及产品表添加到数据模型，新建日期表，并构建表间关系。得到的数据模型（关系图）如图 8-58 所示。

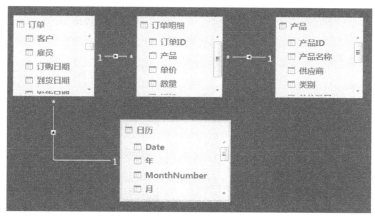

图 8-58　数据添加到模型并构建表间关系

（2）新建度量"销量 :=sum(' 订单明细 '[数量])"，如图 8-59 所示。

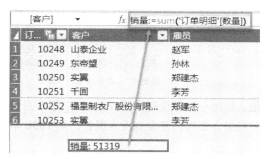

图 8-59　添加度量值

（3）新建度量"上一年销量"，如图 8-60 所示。

```
=CALCULATE(
    [ 销量 ],
    SAMEPERIODLASTYEAR(' 日历 '[Date])
)
```

其中，SAMEPERIODLASTYEAR 为计算上一年同期数据的时间智能函数，结合 CALCULATE 函数，可在当前时间（年、月、日等）的上下文中得到同期的上一年时间，从而计算出相应的数据。

小勤：看起来很简单的样子啊，还有这么智能的时间函数。

大海：这个计算不复杂，问题在于，通过这个函数会把所有时间的上一年同期有数据的都会计算出来。我们把现在得到的"销量"和"上一年销量"这两个度量放到数据透视表里，看一下是什么情况，如图 8-61 所示。

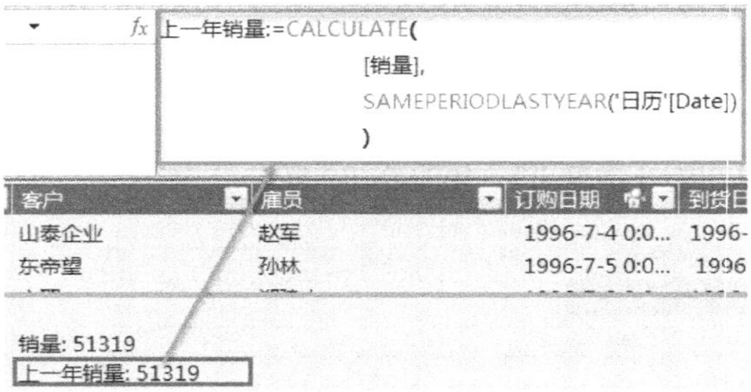

行标签 ⊤	销量	上一年销量
⊟1997	25489	9581
1	2401	
2	2132	
3	1770	
4	1912	
5	2164	
6	1635	
7	2054	1462
8	1861	1322
9	2343	1124
10	2679	1738
11	1856	1735
12	2682	2200
⊟1998	16249	25489
1	3466	2401
2	3115	2132
3	4067	1770
4	4680	1912
5	921	2164
6		1635
7		2054
8		1861
9		2343
10		2679
11		1856
12		2682
总计	41738	35070

图 8-61　数据透视结果 2

```
fx 上一年销量:=CALCULATE(
        [销量],
        SAMEPERIODLASTYEAR('日历'[Date])
    )
```

客户 ▼	雇员 ▼	订购日期 📅 ▼	到货日
山泰企业	赵军	1996-7-4 0:0...	1996-
东帝望	孙林	1996-7-5 0:0...	1996

销量: 51319
上一年销量: 51319

图 8-60　添加度量值 1

显然，一方面，有很多月份当前有销量，但上一年并没有销量，如 1997 年 6 月份及以前的数据；另一方面，有很多月份上一年有销量，但当前还没有发生销售，如 1998 年 6 月以后的数据。

小勤：显然，实际可比的数据应该是"销量"和"上一年销量"都大于零的数据。

大海：对，如果不是两个表都存在的数据，那显然是不能进行同比的。而且，年度的汇总数也显然是不能同比的。

小勤：那怎么办？是不是可以通过公式把"销量"和"上一年销量"的数据筛选出来呢？

大海：你试试？

小勤：这还不简单，如果"[销量]"和"[上一年销量]"都大于 0，就计算，否则就不计算。

（4）新建度量"可比销量_简单"，如图 8-62 所示。

```
可比销量_简单:=if(
        [销量]>0&&[上一年销量]>0,
        [销量],
        blank()
    )
```

（5）新建度量"可比上一年销量_简单"，如图8-63所示。

可比上一年销量_简单 :=IF(
       [销量]>0&&[上一年销量]>0,
       [上一年销量],
       blank()
)

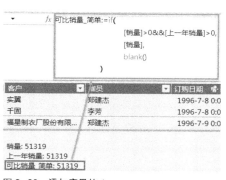

图 8-62　添加度量值 1

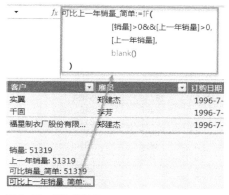

图 8-63　添加度量值 2

大海：这种简单的处理方法，能够把每个月的相应数据给筛选出来，但是，你看一下年的汇总数以及总计数，如图8-64所示。

行标签	可比上一年销量_简单	可比销量_简单	同比增长
⊟1997	9581	25489	166.04%
7	1462	2054	40.49%
8	1322	1861	40.77%
9	1124	2343	108.45%
10	1738	2679	54.14%
11	1735	1856	6.97%
12	2200	2682	21.91%
⊟1998	25489	16249	-36.25%
1	2401	3466	44.36%
2	2132	3115	46.11%
3	1770	4067	129.77%
4	1912	4680	144.77%
5	2164	921	-57.44%
总计	51319	51319	0.00%

图 8-64　数据透视结果

小勤：咦，为什么每个月的数据都对了，但汇总数却还是所有数据的总和，而不是按照筛选出来的数据进行求和的呢？如果这样，按年汇总或总计的数据都是错的，对应的增长率也没有什么意义了。

大海：这其实还是对 Power Pivot 里度量值的计算机制的理解问题。你想一下，现在的新的度量是在原来度量的基础上直接筛选出来的，你看看原来每年的汇总数以及总计数有没有。

小勤：你是指图 8-65 中的年度汇总和总计？

行标签	销量	上一年销量
1997	25489	9581
1	2401	
2	2132	
3	1770	
4	1912	
5	2164	
6	1635	
7	2054	1462
8	1861	1322
9	2343	1124
10	2679	1738
11	1856	1735
12	2682	2200
1998	16249	25489
1	3466	2401
2	3115	2132
3	4067	1770
4	4680	1912
5	921	2164
6		1635
7		2054
8		1861
9		2343
10		2679
11		1856
12		2682
总计	41738	35070

图 8-65　原本就存在的汇总数

大海：对的。你看这些数据是不是也符合新建的度量的都大于 0 的条件？

小勤：当然啊。

大海：所以，你直接通过 IF 函数进行筛选时，并没有给它们加入更多的计值上下文，也就是说，无论是年份的汇总还是总计数，其计算环境都跟原来一样，使用 IF 函数只是将原来没有值的部分转成了 BLANK() 而已，原来有值的部分仍然按原样显示。

小勤：我以为这些汇总或总计都是按照最后显示的分项数据在累加的呢？

大海：这种理解一定要慢慢地改变过来，一定要注意 Power Pivot 里度量值计算的以下特点：

- Power Pivot 里的计算结果中的每一个值（如数据透视表中的某个交叉点上的值）都是直接根据其计值上下文所确定的数据（也叫子集）计算出来的，而不是先计算了某些部分（如数据透视表中的各分项），然后再汇总得到汇总数（如数据透视表中的分类汇总行或总计行）。
- 汇总行（如按年度的汇总）相当于 Power Pivot 在进行计算时，对于子项（如月份）添加了 ALL 函数，忽略了其子项的影响，从而得到汇总数；总计行则是对所有子项均添加了 ALL 函数。

Power Query和Power Pivot实战

接下来我们看一下正确的写法。

（6）新建度量"销量_正解"，如图 8-66 所示。

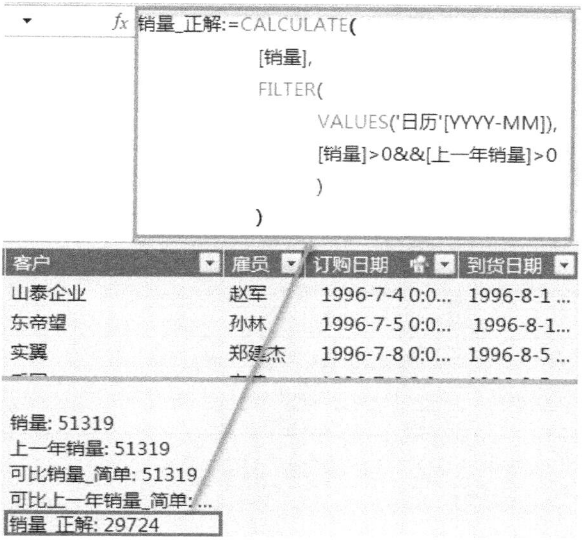

图 8-66　添加度量值 1

```
销量 _ 正解 :=CALCULATE(
        [ 销量 ],
        FILTER(
            VALUES(' 日历 '[YYYY-MM]),
            [ 销量 ]>0&&[ 上一年销量 ]>0
            )
        )
```

（7）新建度量"上一年销量_正解"，如图 8-67 所示。

```
上一年销量 _ 正解 :=CALCULATE(
        [ 上一年销量 ],
        FILTER(
            VALUES(' 日历 '[YYYY-MM]),
            [ 销量 ]>0&&[ 上一年销量 ]>0
            )
        )
```

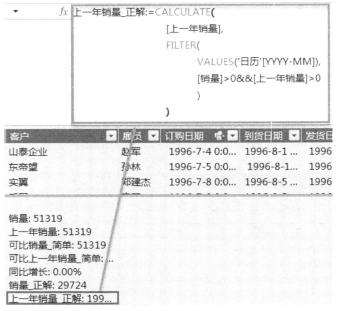

图 8-67　添加度量值 2

最后，新建度量"同比增长"百分比就比较容易计算了，如图 8-68 所示。

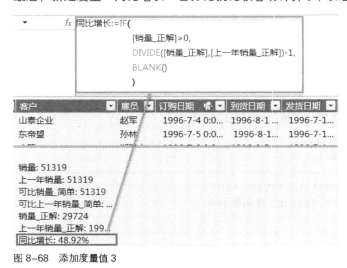

图 8-68　添加度量值 3

再放到数据透视表里观察，如图 8-69 所示。

行标签	可比上一年销量_简单	可比销量_简单	上一年销量_正解	销量_正解	同比增长
⊟1997	9581	25489	9581	13475	40.64%
7	1462	2054	1462	2054	40.49%
8	1322	1861	1322	1861	40.77%
9	1124	2343	1124	2343	108.45%
10	1738	2679	1738	2679	54.14%
11	1735	1856	1735	1856	6.97%
12	2200	2682	2200	2682	21.91%
⊟1998	25489	16249	10379	16249	56.56%
1	2401	3466	2401	3466	44.36%
2	2132	3115	2132	3115	46.11%
3	1770	4067	1770	4067	129.77%
4	1912	4680	1912	4680	144.77%
5	2164	921	2164	921	-57.44%
总计	51319	51319	19960	29724	48.92%

图 8-69　数据透视结果

小勤：这个汇总数看起来是正确的。按照前面关于 CALCULATE 函数通过 FILTER 函数增加筛选上下文的方法，能看出来是在原来度量的基础上增加了一个筛选器进行计算，但这个 FILTER 里的内容该怎么理解呢？

大海：首先说一下 VALUES 函数。这个函数会对给到它的列数据返回不重复的值（如这个公式里指向的日历表的"年月"数据），然后，FILTER 函数对 VALUES 函数得到的数据进行筛选（迭代判断），如果某个"年月"的销量及上一年对应的销量都大于 0，就把这个"年月"数据留下，参与 CALCULATE 函数的计算表达式。

小勤：感觉有点儿烧脑，感觉这种运用太灵活了，有点儿难以驾驭啊。

大海：在初期接触计算列或度量值时，有这种感觉是很正常的，而且很难通过少数几个例子或几个函数的应用就能讲清楚，但是，只要牢牢把握 Power Pivot 的核心计算思路——想办法通过对计值上下文的控制（增、删、改、转换等），获得所需要的数据（子集）进行计算。只要在实际工作中不断思考，不断体会，很快就能写出正确的公式，得到所需要的计算结果。

小勤：好的，看来还要结合更多的例子去理解关于改变筛选上下文或行上下文转换的相关内容才行。

大海：在一本书里很难写太多的例子，我会在公众号"Excel 到 PowerBI"中，不断地给出更多的案例供您练习，只要习惯了这种思考的方式，就不会再觉得难了。

小勤：那真是太好了！

第9章
Power系列功能综合实战

9.1　Power Query 与 Excel 函数：数据源的动态化

小勤：大海，我发现 Power Query 里有个很烦的事情，就是一旦 Excel 工作簿或者文件夹的路径发生改变，则 Power Query 里就得跟着修改源的路径。能不能把这一点变得动态自动化一点儿啊？

大海：的确存在这个问题。Power Query 的源里的文件路径是固定文本，但是，咱们既然在 Excel 里，Power Query 也不能自己跟自己玩儿，还要跟 Excel 自有的功能或函数结合起来，这样就有办法了。

小勤：啊？要是能实现那就太好了。

大海：通常来说，需要实现数据源路径动态化获取的情况有以下两种：

- Power Query 操作结果与数据源在同一个 Excel 工作簿里。
- Power Query 操作结果与数据源在同一个文件夹下。

小勤：嗯。能动态处理这两种情况就足够了。

大海：你知道现在 Excel 里有个 CELL 函数吗？通过 CELL 函数，就可以取得当前工作簿的文件路径。比如，在 Excel 的任一单元格里输入公式 "=CELL("filename")"，将得到该 Excel 文件的完整路径，如图 9-1 所示。

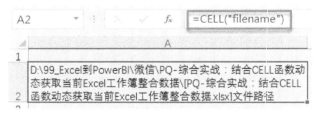

图 9-1　通过函数获取文件路径

小勤：这个函数能获得当前工作簿的当前工作表路径，但也只是在 Excel 里啊，如果在 Power Query 里该怎么办？

大海：既然在 Excel 里能办到，那咱们在 Power Query 里就想办法把 Excel 里整出来的这个数据弄进去啊。

小勤：嗯。有道理。那是建立一个查询吗？

大海：对。咱们完善一下，弄成一张表的样子，然后把这个路径获取到 Power Query 里。

Step 01 以仅创建连接的方式获取文件路径数据：在 Excel 里，选中文件路径所在单元格，切换到"数据"选项卡，单击"从表格"按钮，在弹出的对话框中单击"确定"按钮，如图 9-2 所示。

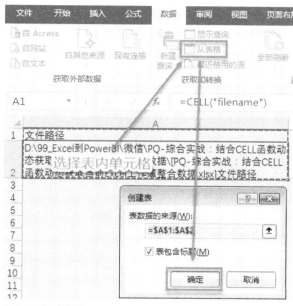

图 9-2　新建查询

Step 02 提取文件路径：在 Power Query 中，选中"文件路径"列，切换到"转换"选项卡，单击"提取"按钮，在弹出的菜单中选择"分隔符之前的文本"命令，在弹出的对话框中输入分隔符"]"，单击"确定"按钮，如图 9-3 所示。

Step 03 替换掉文件路径中不需要的字符：选中"文件路径"列，切换到"转换"选项卡，单击"替换值"按钮，在弹出的对话框中输入要查找的值"["，单击"确定"按钮，如图 9-4 所示。

这样就得到了这个工作簿的文件路径。

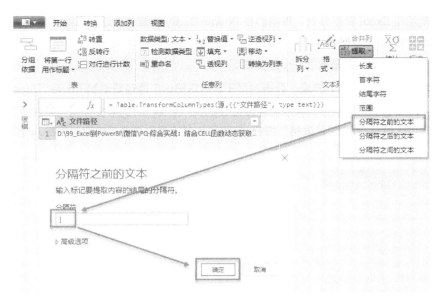

图 9-3　提取分隔符之前的文本

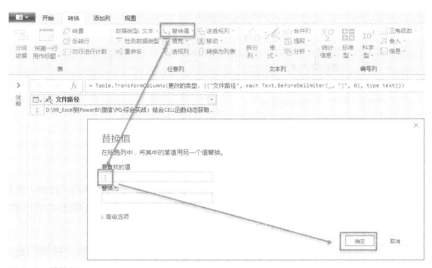

图 9-4　替换值

__Step 04__ 在 Power Query 中，切换到"开始"选项卡，单击"高级编辑器"按钮，在弹出的对话框中将源数据的路径修改为前面步骤所获得的文件路径。修改前的代码及需要修改的地方如图 9-5 所示。

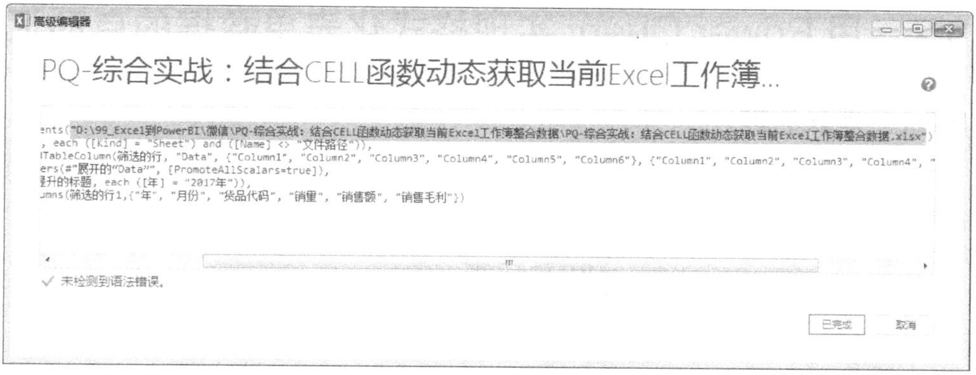

图 9-5　待修改代码

将其中的源文件路径修改为"表 1{0}[文件路径]"（注意，其中的"表 1"是根据文件路径表创建的查询名称，可能会因为 Excel 文件的操作有差异，请根据实际情况进行修改），其他代码不动，如图 9-6 所示。

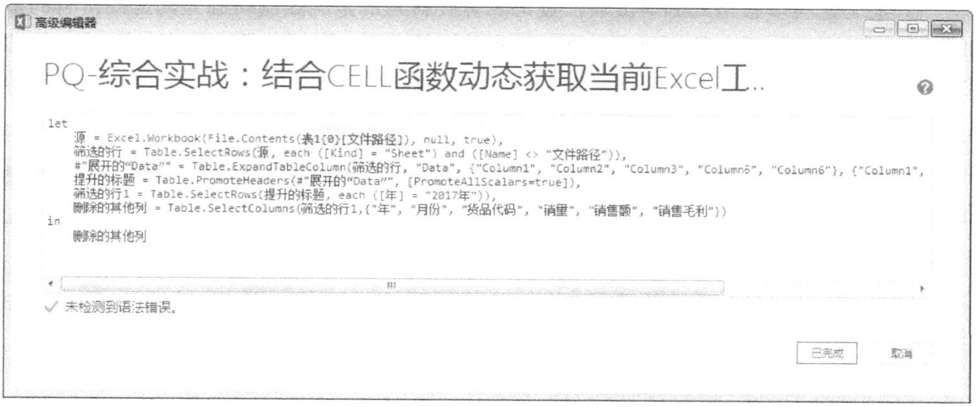

图 9-6　修改后代码

小勤：知道了，实际就是从刚才的文件路径查询里引用它的查询结果，这在跨查询的表引用里提到过。

大海：对。就这样，当你的工作簿移到其他地方时，CELL 函数会自动获得工作簿的文件路径，Power Query 里自然就跟着刷新了。

小勤：嗯。如果获得了 Excel 工作簿所在的路径，那如果数据源和 Power Query 操作结果放在同一个文件夹下的情况也比较容易处理了。

大海：对了，在 Excel 的 Power Query 里第一次通过间接路径获取数据时，可能会出现"Formula.Firewall"警告！出现时在 Power Query 查询编辑器界面中通过逐级菜单"文件 / 选项和设置 / 查询选项 / 隐私"将隐私级别设置为"忽略隐私级别……"即可。

9.2　用 Power Query 实现格式化表单数据的自动汇总

9.2.1　单表的转换

小勤：大海，现在有一堆格式化的登记表，如图 9-7 所示。怎么转换汇总成如图 9-8 所示一行行规范的数据明细啊？不然没法做数据分析。

VIP登记表				
姓名	大海	年龄	100	性别	男
公众号	Excel到PowerBI	兴趣	数据分析	电话	186********
邮箱	Excel-PowerBI@weixin.com			

图 9-7　格式化表单

姓名	年龄	性别	公众号	兴趣	电话	邮箱
大海	100	男	Excel到PowerBI	数据分析	186********	Excel-PowerBI@weixin.com

图 9-8　数据转换汇总要求

大海：这种填报格式的申请表、登记表等要转为规范的数据明细还真是经常有的事。在以前，这个问题如果不用 VBA，那就只能靠人工处理了。不过，现在却可以用 Power Query 来实现。

小勤：啊！那太好了。但会不会好复杂啊？

大海：其实思路上并不复杂，就是先找到源数据表（格式表）需要导入的数据与目标表（规范明细表）的关系，然后把源表的数据放到目标表里。咱们从这个简单的例子开始，先实现一个表格的转换，然后逐渐扩展到多表的、映射关系可配置的动态自动化方式。

Step 01 从工作簿获取数据到 Power Query：在 Excel 中，切换到"数据"选项卡，单击"新建查询"按钮，在弹出的菜单中依次单击 "从文件""从工作簿"命令，如图 9-9 所示。

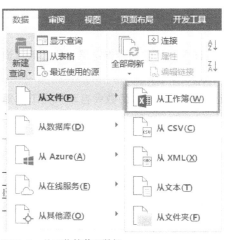

图 9-9　从工作簿获取数据

Step 02 在弹出的窗口中选择需要导入的表，单击"编辑"按钮，如图 9–10 所示。

Step 03 为避免数据类型转换错误，在 Power Query 的"查询设置"窗口中单击"更改的类型"前的"删除"按钮，以删除 Power Query 自动添加的"更改的类型"步骤，如图 9–11 所示。

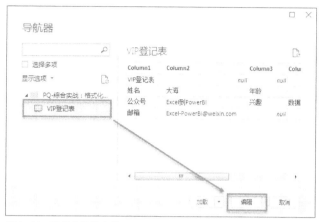

图 9–10　选择待转换表格

图 9–11　删除查询步骤

此时，该表结果如图 9–12 所示。

	A^B_C Column1	A^B_C Column2	A^B_C C...	ABC 123 Co...	A^B_C C...	A^B_C Column6
1	VIP登记表		null	null	null	null	null
2	姓名	大海	年龄	100	性别	男
3	公众号	Excel到PowerBI	兴趣	数据分析	电话	186••••••••
4	邮箱	Excel-PowerBI@weixin.com	null	null	null	null

图 9–12　格式化表单在 Power Query 中的表现

显然，其中有很多合并单元格的内容被识别成了 null，这些我们都可以不管它，只要知道需要提取的信息固定在什么位置就好了，比如姓名"大海"在"Column2"的第"2"行（索引为 1），这样，只要读取这个表里的"{1}[Column2]"就可以得到"姓名"……将需要提取的信息及对应的位置汇总，如图 9–13 所示。

字段	列名	索引
姓名	Column2	1
年龄	Column4	1
性别	Column6	1
公众号	Column2	2
兴趣	Column4	2
电话	Column6	2
邮箱	Column2	3

图 9–13　待提取信息及对应位置

Step 04 修改生成的代码以完成转换。

原来的代码如图 9-14 所示（这里"源"行代码中已修改为动态的工作簿路径，在本案例操作过程中可以忽略该差异，也可以按需要做同样的调整）。

```
let
    源 = Excel.Workbook(File.Contents(path{0}[Path]), null, true),
    VIP登记表_Sheet = 源{[Item="VIP登记表",Kind="Sheet"]}[Data]
in
    VIP登记表_Sheet
```

图 9-14　待修改代码

修改后代码如图 9-15 所示。

```
let
    源 = Excel.Workbook(File.Contents(path[Path]{0}), null, true),
    s = 源{[Item="VIP登记表",Kind="Sheet"]}[Data],
    d = #table(
            {"姓名","年龄","性别","公众号","兴趣","电话","邮箱"},
            {{s[Column2]{1},s[Column4]{1},s[Column6]{1},s[Column2]{2},
                s[Column4]{2},s[Column6]{2},s[Column2]{3}}}
        )
in
    d
```

图 9-15　修改后代码

其中主要修改内容如下。

① 修改步骤名称：源代码中生成的名称太长，后面写起来方便，将"VIP 登记表 _Sheet"修改为"s"；

② 通过"#table"关键字直接构造新表，代码如下：

```
d = #table(
        {"姓名","年龄","性别","公众号","兴趣","电话","邮箱"},
        {{s[Column2]{1},s[Column4]{1},s[Column6]{1},s[Column2]{2},
            s[Column4]{2},s[Column6]{2},s[Column2]{3}}}
    )
```

这句代码的含义是，直接用关键字 #table 构造表，先列出标题行，然后列出各列下的数据。具体语法如下：

```
#table({ 标题 },
    {{ 第 1 行数据 },
    { 第 2 行数据 },
    …})
```

再简化一点，用具体数据举个小例子：

```
#table( {"姓名","年龄"},
        { {"大海","100"},
        {"小勤","18"} } )
```

得到的表如图 9-16 所示。

Power Query 和 Power Pivot 实战

图 9-16 通过关键字构造表

小勤：理解了，这样看起来真是不难，比写 VBA 好多了。

大海：嗯。当然啦，如果用 VBA 做的话，则可以做得更加灵活，只是学 VBA 所需要投入的精力要更加大而已。

9.2.2 多表数据转换汇总

大海：结合自定义函数，在单表转换的基础上，可以开始多个格式化表单数据的转换汇总了。

小勤：嗯。我刚试了一下，好简单，原来那个单表转换里读取数据的代码如图 9-17 所示。

```
d = #table(
    {"姓名","年龄","性别","公众号","兴趣","电话","邮箱"},
    {{s[Column2]{1},s[Column4]{1},s[Column6]{1},s[Column2]{2},
      s[Column4]{2},s[Column6]{2},s[Column2]{3}}}
    )
```

图 9-17 单表转换代码

只要加上自定义函数名和将 s 用作参数就好了，如图 9-18 所示。

```
trans=(s)=>
    #table(
        {"姓名","年龄","性别","公众号","兴趣","电话","邮箱"},
        {{s[Column2]{1},s[Column4]{1},s[Column6]{1},s[Column2]{2},
          s[Column4]{2},s[Column6]{2},s[Column2]{3}}}
    ),
```

图 9-18 修改为自定义函数代码

大海：嗯，不错。

小勤：不过原来那个操作是针对单表的，所以前面的"导航"步骤直接进到了具体的表，所以要删了那些步骤重新做。

Step 01 在 Power Query 的"查询设置"窗口中，右击"导航"步骤，在弹出的菜单中选择"删除到末尾"命令，如图 9-19 所示。

Step 02 筛选需要转换的格式化表格。

单击"Kind"列列名右侧的筛选按钮，在弹出的对话框中勾选"Sheet"（工作表）复选框，单击"确定"按钮，如图 9-20 所示。

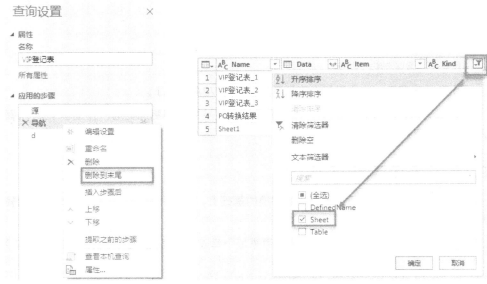

图 9-19　删除查询步骤　　　　　　　　　　图 9-20　按类型筛选需要汇总的表

继续单击"Name"列列名右侧的筛选按钮,在弹出的对话框中选择"文本筛选器"命令,在弹出的菜单中单击"包含…"按钮,如图 9-21 所示。

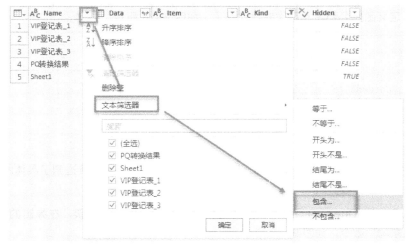

图 9-21　按名称筛选需要汇总的表

在弹出的对话框中输入"登记表",单击"确定"按钮,如图 9-22 所示。

图 9-22　输入筛选条件

Step 03 在"高级编辑器"里把改好的自定义函数放到 let 后面,单击"已完成"按钮,如图 9-23 所示。

```
trans=(s)=>
    #table(
        {"姓名","年龄","性别","公众号","兴趣","电话","邮箱"},
        {{s[Column2]{1},s[Column4]{1},s[Column6]{1},s[Column2]{2},
            s[Column4]{2},s[Column6]{2},s[Column2]{3}}}
    ),
```

图 9-23　添加自定义函数

Step 04 切换到"添加列"选项卡,单击"自定义列"按钮,在弹出的对话框中输入"=trans([Data])",单击"确定"按钮,如图 9-24 所示。

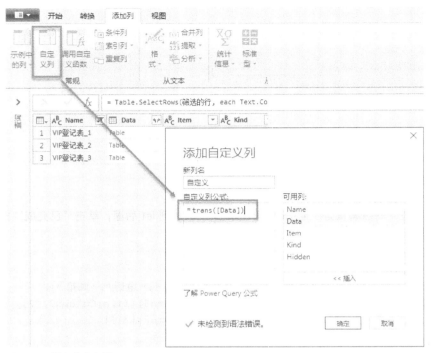

图 9-24 添加自定义列

Step 05 单击"自定义"列列名右侧的数据展开按钮,在弹出的对话框中取消勾选"使用原始列名作为前缀"选项,单击"确定"按钮,如图 9-25 所示。

图 9-25 展开合并的数据

Step 06 按需要删除不必要的列：选择需要保留的列，用鼠标右键单击列名位置，在弹出的菜单中选择"删除其他列"命令，如图 9-26 所示。

图 9-26　删除不需要的列

小勤：完成了。哈哈。

大海：厉害！

小勤：不过我在想，实现配置性的操作方法就是，想导入哪些数据用户就填一个配置表。

大海：嗯。那个稍微复杂一点点。后面我们再一起研究。

9.2.3　可配置的映射关系，你的数据你做主

小勤：我试了一下格式化表单的可配置转换，但感觉有点儿难，虽然配置表我做好了并且获取到 Power Query 里了，如图 9-27 所示。

	ABC 123 内容	A^B_C 源表位置	ABC 123 源表索引	ABC 123 源表列名
1	姓名	B2	1	Column2
2	年龄	D2	1	Column4
3	性别	F2	1	Column6
4	公众号	B3	2	Column2
5	兴趣	D3	2	Column4
6	电话	F3	2	Column6
7	邮箱	B4	3	Column2

图 9-27　数据内容位置对照

大海：嗯。如果是引用列标名称，则还需要再做一些转换。首先，在 Power Query 里打开"高级编辑器"，回顾一下多个格式表单批量转换汇总里的代码，如图 9-28 所示。

其中框住的内容是咱们修改的自定义函数，固定了列名和引用的位置，带背景色的内容是在操作展开数据或删除其他列时自动生成的固定列名（为方便截图，对该部分代码做了换行处理），这些地方咱们要改成直接引用配置表的内容，从而实现随配置表的改变而改变。

图 9-28　多表转换汇总代码

小勤：嗯。带背景色那部分改起来很容易，只要变成配置表里的内容列就好了。

大海：对的。所以首先改动这部分，在"高级编辑器"修改该部分代码，如图 9-29 所示。

小勤：嗯。但上面那个自定义函数怎么改成引用配置表的就不懂了。

大海：我先把改好的给你，然后再跟你解释，如图 9-30 所示。

图 9-29　修改代码　　　　　　　　　　图 9-30　修改自定义函数代码

在这个自定义函数里面还是要将提取数据的表作为参数（s）传进去，构建 table 的列名是由原来的固定内容改为从配置（映射表）里取的，所以改为"映射表 [内容]"，对应图 9-31 中的带背景这部分代码。

```
trans=(s)
 => #table(
        映射表[内容],
        {List.Transform(
            映射表[内容],
            each Record.Field(
                    s{映射表{[内容=_]}[源表索引]},
                    映射表{[内容=_]}[源表列名]
                )
        )}
    ),
```

图 9-31   自定义函数代码

接下来通过"映射表 [内容]"去找到每个表中要提取的数据。

针对每一个表，我们首先找到要提取的数据所在的行，然后在那一行里按照列名去取相应的内容。比如，要提取"VIP 登记表 _1"中的"年龄"，定位过程如图 9-32 所示。

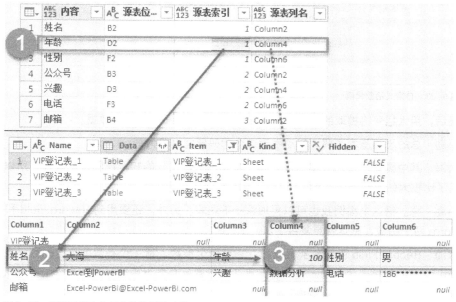

图 9-32   根据映射表位置定位数据的过程

（1）通过映射表"内容"为"年龄"找到源表的索引（1）和源表列名（Column4），代码如下。

- 取索引 : 映射表 {[内容 =" 年龄 "]}[源表索引]，结果为 1。
- 取列名 : 映射表 {[内容 =" 年龄 "]}[源表列名]，结果为 "Column4"。

（2）根据源表索引"1"提取数据表中的第 2 行内容为一个记录（Record），对应的代码为 s{1}，合并上面取索引的代码如下 :

s{ 映射表 {[内容 =" 年龄 "]}[源表索引]}

（3）根据源表列名（Column4），使用函数 Record.Field 从记录中提取数值（100），合并上面的代码如下：

```
Record.Field(
    s{映射表{[内容="年龄"]}[源表索引]},
    映射表{[内容="年龄"]}[源表列名]
)
```

以上仅对"年龄"的具体内容进行了说明。为了取得所有的内容，需要通过对映射表[内容]使用 List.Transform 函数，并将"年龄"改为下画线（表示针对"映射表[内容]"的每一个值提取相应的数据），主要代码如图 9-33 所示。

```
trans=(s)
  => #table(
        映射表[内容],
        {List.Transform(
            映射表[内容],
            each Record.Field(
                    s{映射表{[内容=_]}[源表索引]},
                    映射表{[内容=_]}[源表列名]
                )
        )}
    ),
```

图 9-33 自定义函数代码

最后，用大括号将提取的数据包裹起来，成为构造 table 的最终数据。

小勤：总的思路基本了解，但动手改这个代码感觉挺吃力的。

大海：其中需要对"跨查询引用"和"根据内容定位"的知识理解得比较透，所以我在前面用了比较大的篇幅来讲 Power Query 里的数据结构问题。

小勤：嗯。借这个案例我也可以再加深一下理解。另外，还要用到 Record.Field 和 List.Transform 两个函数，感觉就更复杂了。

大海：Record.Field 函数其实很简单，它有两个参数，第 1 个参数就是给函数一条记录（Record），其实就是一个表的一行内容，第 2 个参数就是告诉函数列名，这样函数就从给它的记录中返回相应列的内容。List.Transform 函数在前面也专门讲过，如果忘了的话，可以回头再复习一下。

小勤：好的。

9.3 用 Power Query 实现多表数据动态查询系统

9.3.1 查询条件动态化入门

小勤：现在公司有很多数据是分在多个 Excel 工作簿或工作表里的，能不能设置一些动态的查询条件，然后自己输入条件就能提取符合条件的数据到一张表里啊？如图 9-34 所示。

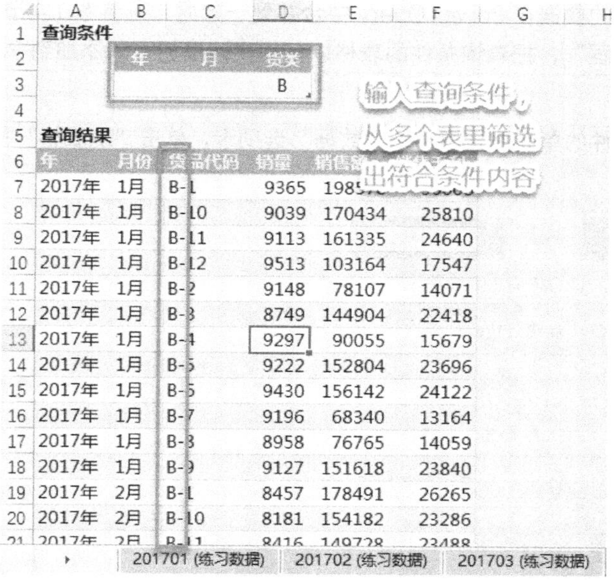

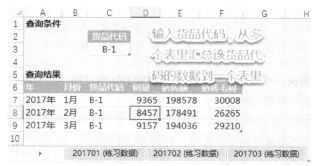

图 9-34　按条件汇总查询多表数据

大海：嗯，这有点儿像一个操作系统的查询功能了。

小勤：是的。如果能这样以后查数据就太方便了。

大海：你想想，如果将查询条件放到 Power Query 里，然后在 Power Query 里对需要查询的数据做好合并，再去动态引用查询条件，不就可以实现了吗？

小勤：对啊，前面你就实现了动态获取工作簿名称的用法，看来这有希望了。

大海：当然啊。咱们这次先看一个最简单的例子，然后一步步增加多种查询条件。

小勤：嗯，那先告诉我一个条件的吧，比如先实现按货品代码提取，如图 9-35 所示。

图 9-35　单条件的数据查询

大海：好的。咱们把所有表的数据在 Power Query 中合并到一起后（可参考 1.4 节"一个例子说明报表自动化的实现过程"），把查询条件的表格以仅创建连接的方式添加到 Power Query 中。

Step 01 选中要输入查询条件的单元格，切换到"数据"选项卡，单击"从表格"按钮，如图 9-36 所示。

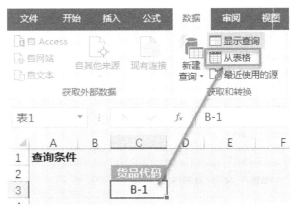

图 9-36　添加查询条件到 Power Query

Step 02 在 Power Query 的"查询设置"窗口，将新建的查询名称修改为"查询条件"，方便后面的调用，如图 9-37 所示。

图 9-37　修改查询名称

Step 03 选中"合并数据"查询，单击"货品代码"列右侧的筛选按钮，在弹出的对话窗中任意勾选一个货品代码，单击"确定"按钮，如图 9-38 所示。

Step 04 切换到"开始"选项卡，单击"高级编辑器"按钮，在弹出的对话框中可以看到，生成了一个筛选所有"A-1"货品的步骤及相应的代码，如图 9-39 所示。

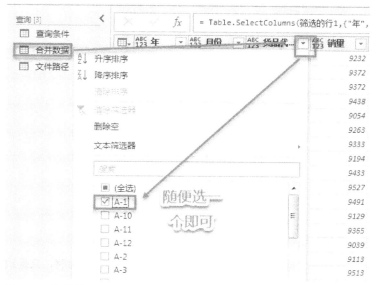

图 9-38 筛选数据

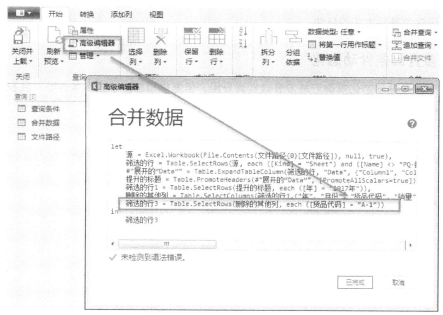

图 9-39 待修改代码

只要修改其中的"A-1"为对查询条件的动态引用即可，修改后的代码如图 9-40 所示。

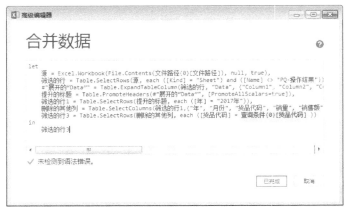

图 9-40　修改后代码

然后咱们就可以按自己写的条件查询了，你试试。

小勤：嗯。真好用。这跟那个动态引用工作簿路径的方法几乎是一样的啊，只是改代码的地方不一样而已。

大海：对。按需要改代码而已，方法都是一样的。这是动态引用的基础，后续的复杂查询都是基于这个基础方法的延伸。

9.3.2　多查询条件动态化

小勤：按条件动态化查询汇总多表数据真好用，但怎样添加多个查询条件呢？我在你上一次的基础上再筛选了月份，生成的代码如图 9-41 所示。

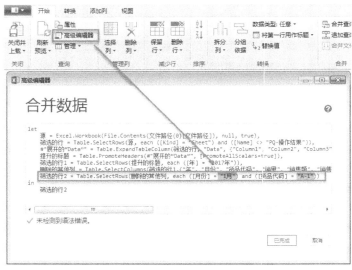

图 9-41　待修改代码

Power Query和Power Pivot实战

然后修改代码（同时加入年份选择），如图 9-42 所示。

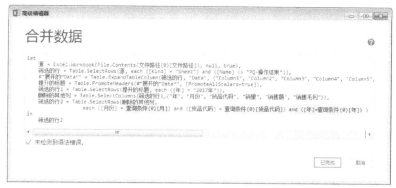

图 9-42　修改后的代码

大海：挺不错的啊。

小勤：但是，按照操作习惯，我们一般是对于空的查询条件就是默认选中全部的，比如把查询条件里的"月"清空，就是希望结果为全部月份的。但如果清空，查询结果就为空了。

大海：嗯，的确是。现在大部分数据查询的设计都是按这种习惯的，要实现这样的效果，可以考虑把几个查询条件拆成多个查询步骤，这样每个步骤的结果就可以单独控制了。

Step 01 在 Power Query 的"查询设置"里，删除原来生成的筛选步骤，如图 9-43 所示。

图 9-43　删除查询步骤

Step 02 单击"货品代码"列列名右侧的按钮，在弹出的对话框中选择任意代码，单击"确定"按钮，重新生成筛选步骤，如图 9-44 所示。

Step 03 进入"高级编辑器"，加入 if 判断，同时修改步骤名称，以方便后面引用，修改代码如图 9-45 所示。

图 9-44　筛选数据

图 9-45　修改代码

这时会发现如果货品代码为空，将得到全部货品的数据。

　　小勤：理解了，其实就是用 if…then…else 语句判断查询条件是否为空。如果不是空的，就按货品代码的具体值查询结果。如果是空的，就直接返回上一步骤（"删除的其他列"）的全部结果。

大海：对。按照这个方法，你可以继续增加其他查询条件，比如年和月，最后代码如图9-46所示。

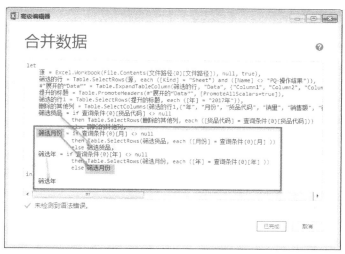

图 9-46　修改代码加入更多查询条件

小勤：嗯。实现了。其实就是复制后改一下。

大海：对的。明白了原理，就把要替换的内容进行复制，然后替换一下就可以了。

9.3.3　与 Excel 数据有效性合体

小勤：大海，按多条件查询的操作真是太好用了，但是，现在每次都得手工输入查询条件，太麻烦了，能不能用选择的方式啊？

大海：当然可以，利用 Excel 的数据有效性啊。

小勤：但是怎么从所有表里找到可选择的数据呢？

大海：先用 Power Query 生成啊。

Step 01　用鼠标右键单击"合并数据"，在弹出的菜单中选择"复制"（第 2 个）命令，如图 9-47 所示。

Step 02　删除原查询中多余的步骤：选定复制出来的查询（"合并数据 (2)"），右击"删除的其他列"步骤，在弹出的菜单中选择"删除到末尾"命令，如图 9-48 所示。

Step 03　仅保留用来制作数据有效性选项的列（如"年"）：右击"年"列列名，在弹出的菜单中选择"删除其他列"命令，如图 9-49 所示。

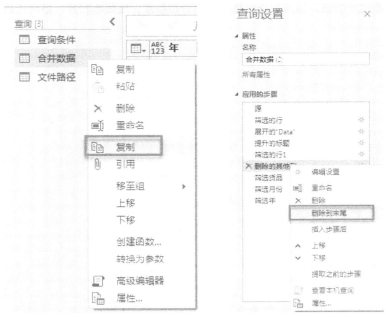

图 9-47　复制查询

图 9-48　删除查询步骤

图 9-49　删除其他列

Step 04 删除重复项：切换到"开始"选项卡，单击"删除行"按钮，在弹出的菜单中选择"删除重复项"命令，如图 9-50 所示。

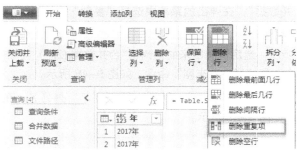

图 9-50　删除重复项

Step 05 在"查询设置"中修改查询名称（如修改为"年选项"），如图 9-51 所示。

Step 06 切换到"开始"选项卡，单击"关闭并上载"按钮，将数据返回 Excel 中，如图 9-52 所示。

图 9-51　修改查询名称

图 9-52　关闭并上载数据

Step 07 定义名称：在 Excel中，选中上一步骤返回的数据表，切换到"公式"选项卡，单击"定义名称"按钮，在弹出的对话框中输入名称（如"年列表"），将"引用位置"设为"= 年选项 [年]"（一般会默认生成），单击"确定"按钮，如图 9-53 所示。

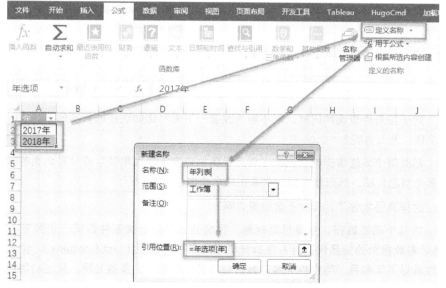

图 9-53　定义名称

Step 08 设置查询条件的数据有效性：单击查询条件输入单元格，切换到"数据"选项卡，单击"数据验证"按钮，在弹出的对话框中选择允许"序列"，在"来源"中输入"= 年列表"，单击"确定"按钮，如图 9-54 所示。

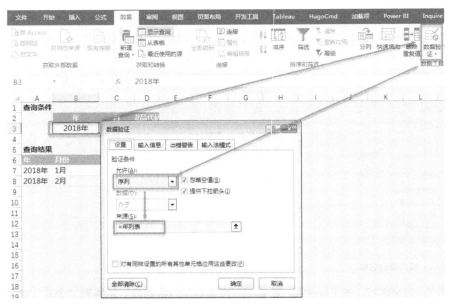

图 9-54　通过数据验证制作下拉选项

大海：这样，你就可以直接筛选要查询的选项了。

小勤：嗯。光想着 Power Query 自己怎么用了，忘了和 Excel 功能的结合了。我再去试试月份的。

大海：嗯。自己动手试试，其实都不难。

9.3.4　同一查询条件多值处理

小勤：对于按条件查询的问题，能不能再改善一下呢？比如现在的货品代码，有时候想一次查多个值，怎么办呢？

大海：那就做个多值查询吧。比如在货品代码的查询条件里用顿号或分号之类的做分隔符，输入多个货品代码，然后就可以一次查出来多个值。

小勤：这样真是太好了，但会不会很复杂啊？

大海：加几个函数就行，主要思路就是，根据分隔符把查询条件拆成一个列表（Text. Split），然后看数据里的货品代码是否在拆分出来的条件列表里（List.Contains）。你上次用数据有效性做好了年和月，咱们再继续完善，对货品代码做一个多值处理。货品的筛选条件在高级编辑器里，如图 9-55 所示。

直接改成：List.Contains(Text.Split(查询条件 {0}[货品代码],"、"),[货品代码])，修改后的代码如图 9-56 所示。

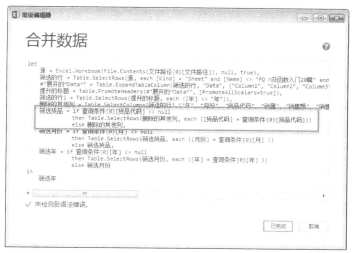

图 9-55　待修改代码

图 9-56　修改后的代码

修改的内容里涉及两个函数：

- Text.Split(文本内容，拆分符号)，按照拆分符号将文本内容拆成一个列表（List）。
- List.Contains(列表，内容项)，判断内容项是否在列表中存在。

小勤：嗯。这个很容易理解，联合起来就能做判断了，改起来也不难。

大海：对，通过函数对筛选条件进行修改，可以实现很灵活的查询了，你有时间还可以试试其他的。

9.3.5　模糊查询

小勤：大海，我给货品加了个模糊查询，但好像有点问题，使用的时候会出错，如图 9-57所示。

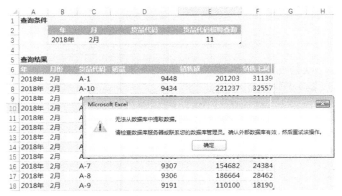

图 9-57 模糊查询条件导致出错

大海：咦，怎么报这个错？我看看你改的查询条件。

小勤：不就是在高级编辑器里将筛选条件改成用函数 Text.Contains() 来判断是否包含查询条件里输入的内容吗？你看，我修改的代码如图 9-58 所示。

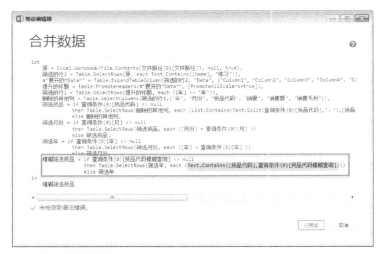

图 9-58 模糊查询代码

大海：进 Power Query 里看看是什么错误。

小勤：啊，里面果然报错了，如图 9-59 所示。

⚠ Expression.Error: 无法将值 11 转换为类型 Text。
  详细信息:
    Value=11
    Type=Type

图 9-59 错误提示信息

大海：嗯。原来是数值转换的问题，当你输入的是数字时就出错了。在使用 Text. Contains 函数之前，应先使用 Text.From 函数把查询条件统一转为文本，如图 9-60 所示。

小勤：啊！原来这样……但为什么报"无法从数据库中提取数据"的错误呢？

大海：在 Excel 里显示结果时，通常只是反映能不能取到数据的简单错误。出错时，尽量到 Power Query 里一个步骤一个步骤地看，找到开始出错的步骤，并查看详细的报错信息，这样才能更容易定位错误发生的地方和错误的原因。

小勤：嗯，知道了。

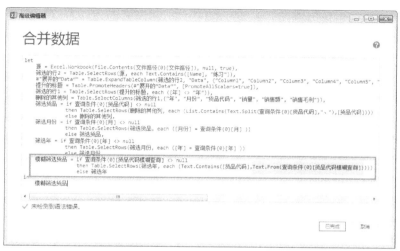

图 9-60　修改后的代码

9.3.6　字段间比较的查询条件

小勤：怎么实现两个字段之间比较的查询？比如销售量大于销售目标，或小于，或小于等于……最好是能选哪种查哪种的。我先用数据有效性做了查询条件，如图 9-61 所示。

图 9-61　查询条件

小勤：但是，接下来怎么在 Power Query 里面实现啊？不能分 5 种情况去写判断吧？

大海：分 5 种情况写判断条件也不复杂。不过，对于这个问题，可以考虑先在 Power Query 的数据里构造两个数比较的结果列，这样是不是就跟同一条件多值查询一样了？

小勤：有道理啊，那我试试。在开始做各种筛选步骤前插入自定义的列：切换到"添加列"选项卡，单击"自定义列"按钮，在弹出的对话框中修改新列名为"销售目标比较"，输入公式并单击"确定"按钮，如图 9-62 所示。

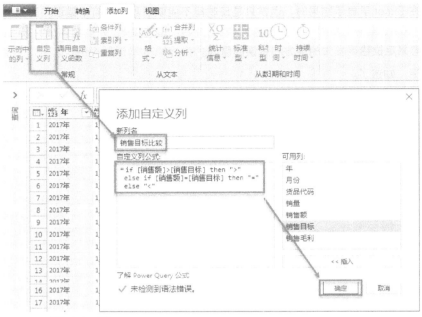

图 9-62　添加自定义列

在高级编辑器里参考多值查询的方法添加筛选条件，如图 9-63 所示。

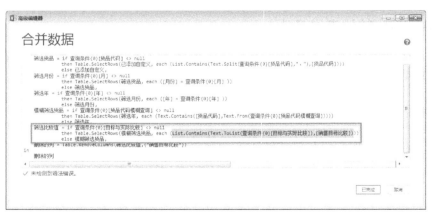

图 9-63　修改代码

结果筛选完后再把辅助列删掉，如图 9-64 所示。

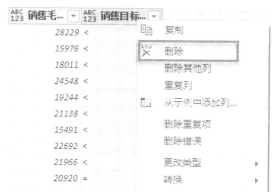

图 9-64　删除不需要的列

小勤：加辅助列真是个好主意，以后想做更多的查询都可以考虑加辅助到。

大海：是啊，在 Excel 里也经常加辅助列甚至辅助表去解决问题。而且如果在 Power Query 里加了辅助列，在用完最后要出结果时还可以再把辅助列删了，不显山不露水。

9.4　Power Query 与 Power Pivot：非标准格式报表的自动化

小勤：能用数据透视实现从数据明细到如图 9-65 所示的数据汇总吗？

区域	细类	销量	三区合计
华南	书籍	50139	135887
	相册	49673	136116
	笔记本	49755	136033
华北	书籍	31558	135887
	相册	31804	136116
	笔记本	31370	136033
华东	书籍	54190	135887
	相册	54639	136116
	笔记本	54908	136033
三区合计	书籍	135887	135887
	相册	136116	136116
	笔记本	136033	136033

图 9-65　数据处理需求

大海：对不起，不能啊。一定要这样吗？说服一下领导用标准的数据透视呗。

小勤：说服不了啊！领导说这样最直观。那 Power Pivot 行吗？

大海：Power Pivot 也不能直接实现，不过可以考虑 Power Query 和 Power Pivot 结合来实现，或者考虑用 Power Pivot 生成数据透视表后再将其转为 OLAP 公式实现。

小勤：这么复杂？

大海：先说一下这种非标准的数据汇总特殊的地方，如图 9-66 所示。

区域	细类	销量	三区合计
华南	书籍	50139	135887
	相册	49673	跨维 16
	笔记本	49755	度合 136033
华北	书籍	31558	87
	相册	31804	116
	笔记本	31370	拼数 33
华	书籍	54190	据 887
	相册	39	136116
区域合计数与区	908	136033
域在同一维度	887	135887
三区合计	相册	136116	136116
	笔记本	136033	136033

图 9-66　报表需求的特殊性

（1）区域合计数与区域在同一维度：这相当于在区域这个维度上增加了一项同级别的内容，而不仅仅是数据透视表中的合计项显示问题。这种数据追加的问题，可以考虑用 Power Query 的追加合并功能来实现。

（2）跨维度合并数据：这相当于在一个细的维度上去统计另一个维度上的内容，但好在只是计算问题，所以可以通过 Power Pivot 的 DAX 函数来实现。当然，也可以通过 Power Query 的合并查询功能来实现（有点儿硬拼凑的味道）。

小勤：那总体看起来就可以直接用 Power Query 来实现了？

大海：是的。但 Power Query 处理出来的结果是不能合并单元格的。

小勤：没有合并单元格也能接受。

大海：那就先用 Power Query 来实现，后面我再跟你讲怎么用 Power Query 跟 Power Pivot 结合起来做。

9.4.1　Power Query 的报表拼接大法

Step 01 以仅创建链接的方式将数据获取到 Power Query 中，然后按分组生成各区域及细类汇总：切换到"转换"选项卡，单击"分组依据"按钮，在弹出的对话框中勾选"高级"单选框，选择"区域"和"细类"作为分组依据，修改新列名为"销量"，在"操作"下拉列表中选择"求和"选项，在"列"下拉列表中选择"销售量"，单击"确定"按钮，如图 9-67 所示。

Step 02 基于当前查询进一步构建三区合并表：用鼠标右键单击当前查询（分区），在弹出的菜单中选择"引用"命令，如图 9-68 所示。

为方便后续的操作，将通过引用方式新建的查询名称修改为"三区合计"，如图 9-69 所示。

Power Query和Power Pivot实战

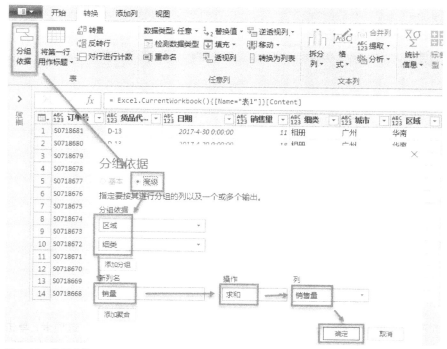

图 9-67　数据分组

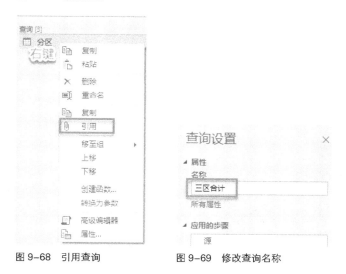

图 9-68　引用查询　　　　图 9-69　修改查询名称

Step 03 对上一步骤所创建的三区合计继续分组，生成三区合并的销量数据：切换至"转换"选项卡，单击"分组依据"按钮，在弹出的对话框中将"分组依据"选为"细类"，将"新列名"修改为"销量"（与分区表一致），在"操作"下拉列表中选择"求和"，在"列"下拉列表中选择"销量"，单击"确定"按钮，如图 9-70 所示。

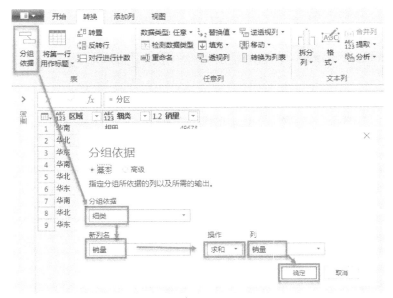

图 9-70 数据分组

Step 04 添加自定义列，补充三区合并的数据属性：切换到"添加列"选项卡，单击"自定义列"按钮，在弹出的对话框中，修改"新列名"为"区域"（和分区表中保持一致），输入公式"＝"三区合计""，单击"确定"按钮，如图 9-71 所示。

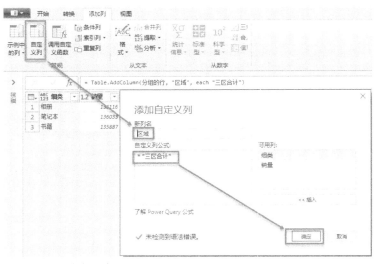

图 9-71 添加自定义列

Step 05 整合分区及三区合计查询：选中"分区"查询，切换到"开始"选项卡，单击"追加查询"按钮，在下拉菜单中选择"将查询追加为新查询"命令，弹出对话框，在"选择要追加到主表的表"下拉列表中选择"三区合计",单击"确定"按钮,如图9-72所示。

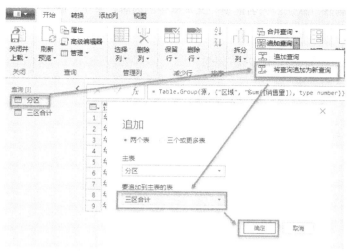

图9-72　追加查询

Step 06 继续合并"三区合并"查询:保持选中上一步骤得到的新查询,切换到"开始"选项卡,单击"合并查询"按钮,在弹出的对话框中依次选择"细类"列,然后选择"三区合计"以及其中的"细类"列,单击"确定"按钮,如图9-73所示。

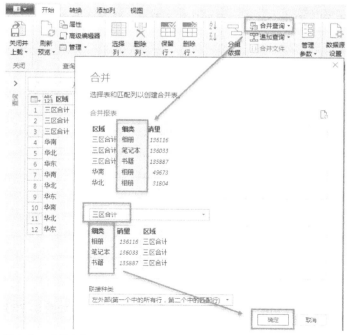

图9-73　合并查询

Step 07 单击上一步骤通过合并查询得到列右侧的"数据展开"按钮，在弹出的对话框中勾选"销量"复选框，删除"默认的列名前缀"文本框中的内容，单击"确定"按钮，如图 9-74 所示。

图 9-74　展开合并数据

Step 08 按需要重命名列：双击合并查询得到的新列列名，将其修改为"三区合计"，如图 9-75 所示。

区域	细类	销量	三区合计
三区合计	相册	136116	136116
三区合计	笔记本	136033	136033
三区合计	书籍	135887	135887
华南	相册	49673	136116
华北	相册	31804	136116
华东	相册	54639	136116
华南	笔记本	49755	136033
华北	笔记本	31370	136033
华东	笔记本	54908	136033
华南	书籍	50139	135887
华北	书籍	31558	135887
华东	书籍	54190	135887

图 9-75　修改列名

Step 09 排序：选中"区域"列，切换到"开始"选项卡，单击 按钮，如图 9-76 所示。

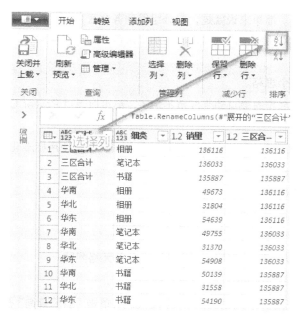

图9-76 排序

Step 10 将数据返回 Excel：切换到"开始"选项卡，单击"关闭并上载"按钮，如图9-77所示。

图9-77 关闭并上载数据

小勤：感觉还好啊，也不算复杂。简单来说就是，先分组得到各个区域的，然后另外再建一个查询分组得到三区合计的，接着用各个区域的纵向追加三区合计的，再横向和三区合计的合并起来……

大海：嗯。整个过程主要就是这个思路。

小勤：知道了。以后这种非标准的报表要自动生成也不怕了，都可以通过 Power Query 进行各种拼接。

大海：对的。Power Query 可以用来做这种数据的拼接，但是最好还是使用标准化的数据透视表，那样统计的效率会高很多。

小勤：嗯。先完成任务，然后再跟领导好好讲。

9.4.2 Power Query 打基础，Power Pivot 更上一层楼

小勤：接下来，怎么再结合 Power Pivot 来解决报表中的合并单元格问题。

大海：其实，数据整理到这里，用 Power Pivot 就已经很简单了。

Step 01 显示已创建的查询：在 Excel 中，切换到"数据"选项卡，单击"显示查询"按钮，如图 9-78 所示。

图 9-78 显示查询

Step 02 在 Excel 右侧的"工作簿查询"窗口中，右击通过 Power Query 合并好的查询，在弹出的菜单中选择"加载到 ..."命令，如图 9-79 所示。

图 9-79 改变查询加载方式

Step 03 在弹出的对话框中勾选"仅创建连接"单选框,勾选"将此数据添加到数据模型"复选框,单击"加载"按钮,如图 9-80 所示。

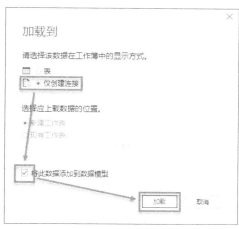

图 9-80　将数据添加到数据模型中

Step 04 切换到"Power Pivot"选项卡,在 Power Pivot 中,切换到"主页"选项卡,单击"数据透视表"按钮,在弹出的对话框中选择"现有工作表"选项及合适的位置,单击"确定"按钮,如图 9-81 所示。

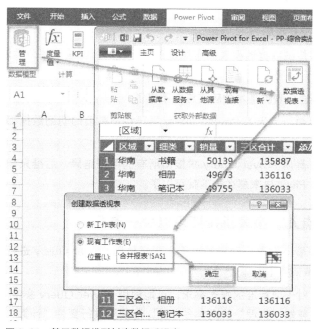

图 9-81　基于数据模型创建数据透视表

Step 05 在数据透视表字段中，按需要将"区域""细类"字段拖曳至"行"中，将"销量""三区合计"拖曳至"值"中，如图9-82所示。

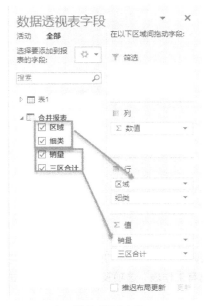

图9-82　设置数据透视表字段

Step 04 按需要调整数据透视表布局……

小勤：我知道了，其实这跟传统数据透视表的布局设置是一样的，就是取消分类汇总、取消行列总计、设置表格形式、合并居中……

大海：嗯。到了现在，数据透视表的基本功应该练得不错了。

小勤：后续的处理能这么简单，是因为Power Query里已经把需要的明细数据都给拼接好了。

大海：对的。这个例子中，是用Power Query拼接出所有的数据结果，后继只需要简单调整一下格式，所以用Power Pivot再来那么一下就可以了。

9.4.3　Power Pivot多一点儿，报表拼接还可以少一点儿

小勤：从前面的实现过程来看，报表自动化的过程主要都是用Power Query进行数据拼接啊，Power Pivot其实做的事情并不多嘛。

大海：这个得看实际需要。对于非标准的报表需求，可能使用Power Query会多一些，因为非标准的报表往往意味着需要做"整理"的内容多一些，而需要进行复杂"计算"的内容少一些。但是，在很多情况下，Power Query和Power Pivot的结合不会这么简单，或者说，

前面这个例子所采用的由 Power Query 把所有数据都拼接好，而 Power Pivot 只是用来做简单的数据透视，这种方式可能不是最佳的解决方案。

小勤：啊，那还能怎么结合呢？

大海：再回到这个例子来说吧，Power Query 和 Power Pivot 结合使用的话，其实只需要用 Power Query 做到追加三区合计数就行了，最右侧那一列"三区合计"并不需要在 Power Query 里再做多一次合并查询来得到，而可以通过 Power Pivot 的 DAX 公式直接实现。

小勤：也就是说，最右侧一列"三区合计"其实并不需要靠 Power Query 来做"拼接"，而是可以通过 Power Pivot "计算"出来？

大海：对的。现在我们直接基于分区域的和三区合计的追加查询结果用 Power Pivot 写 DAX 公式进行统计和透视：新建度量值"三区合计"如图 9-83 所示。

```
三区合计 :=CALCULATE(
        SUM('合并报表'[销量]),
        '合并报表'[区域]="三区合计"
        )
```

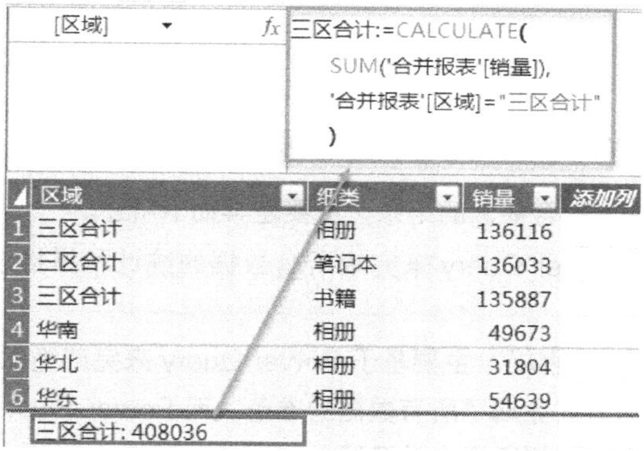

图 9-83　添加度量值

这样，关于"三区合计"的度量值将覆盖数据透视表中的"区域"行筛选器，而总是计算三个区域（不同细类）的合计数。

用这个度量值构建数据透视表可以得到完全一样的结果，如图 9-84 所示。

小勤：这个好，不用在 Power Query 里再多拼一个查询。

图 9-84　基于度量值的数据透视表

9.4.4　关于 Power Query 和 Power Pivot 结合的思考

前面我们用三种方法得到了接近或完全符合要求的结果，主要差异如下所述。

- Power Query 拼接法：完全通过 Power Query 来完成所有数据的统计和拼接过程，但最后不处理区域的合并情况。
- "Power Query 拼接 +Power Pivot 透视法"：主要基于 Power Query 来完成绝大部分的数据处理，甚至通过分组统计的方式完成了所有数据的准备，而 Power Pivot 只是用来改变一下数据的展现方式（通过数据透视合并区域）。
- "Power Query 拼接 +Power Pivot 计算法"：只用 Power Query 做了其必要的数据明细的生成（数据分组统计也只是为了拼接成数据明细），而后面的主要计算由 Power Pivot 来实现。

第一种方法因为不涉及 Power Query 和 Power Pivot 的结合问题，同时也没有得到最终的结果，因此不在此讨论。后面两种方法都能得到相同的结果，就这个例子而言，到底哪个更好，其实很难讲，可以根据个人的喜好来选择。

但是，在大多数实际数据分析中，尤其是涉及多表关联分析的情况下，如果采用第一种方式，可能需要进行大量的数据分组、拼接工作，会导致大量多余的查询、数据拼接步骤，从而带来一系列的问题：

- 数据计算效率可能会下降。
- 后续数据分析的灵活性可能会打折扣。

- 可能会让整个数据模型（包括 Power Query 处理的部分）的管理变得很麻烦。

因此，一般情况下，笔者建议采用最后一种方法，即用 Power Query 做其必要的数据规范化处理，而数据的计算由 Power Pivot 来完成。当然，无论怎么说，还是要实际问题实际分析，从而尽可能找到最佳的解决方案。

9.5　Power Query、Power Pivot 与 VBA：数据连接和刷新的自动化

小勤：有时候，我需要将 Power Query 的操作结果提供给用户，或者需要将查询的结果固化下来（不随新数据的加入而刷新），那怎么办？

大海：你可以对 Power Query 生成的查询或查询连接进行删除。比如删除查询连接的方法是，在 Excel 中，切换到"数据"选项卡，单击"连接"按钮，在弹出的对话框中选中需要删除的查询连接，单击"删除"按钮，如图 9-85 所示。

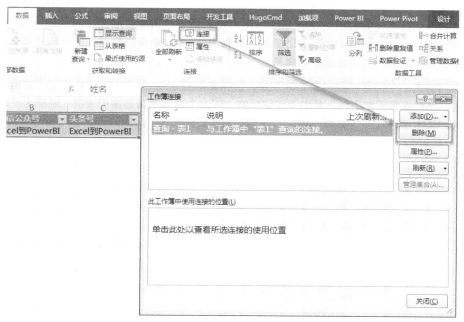

图 9-85　删除工作簿连接

删除后，该查询的"刷新"按钮不可用，该查询将不再刷新，如图 9-86 所示。

图 9-86　查询不可刷新

小勤：很多情况下手工删除一下也不复杂，但是，如果这也是一个重复性的工作，或者还要跟其他的过程结合起来，怎么办呢？能不能连这个删除连接的动作也自动化处理？

大海：那就真得靠 VBA 了，因为不能利用 Power Query 将它自己删除。另外，Power Query 再进一步结合 VBA，实现对 Power Query 的连接和刷新的控制，也是个非常不错的主意。因为这样既可以利用 Power Query 对数据处理过程实现自动化的简单易用性，又能利用 VBA 对 Power Query 的程序化控制！毕竟用 VBA 做复杂的数据处理比较困难，但用 VBA 对查询做简单的控制还是相对容易的。

回到前面这个问题"我们要删除连接，但不删除查询"，即仅删除查询和结果数据表间的连接，使数据表不能刷新。我们再仔细观察一下这个查询及其连接的情况：名称为"表 1"的查询，其连接名称为"查询 – 表 1"，如图 9-87 所示。

图 9-87　查询名称与连接名称

那么，如果要删除该查询连接，可以用 VBA 语句"ThisWorkbook.Connections("查询 – 表 1").Delete"来实现，如图 9-88 所示。

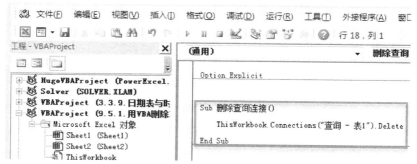

图 9-88　删除查询连接的 VBA 语句

运行代码后，该连接没了，查询还在，如图 9-89 所示。

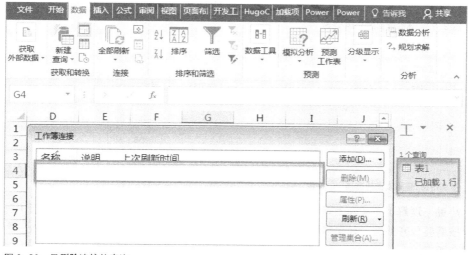

图 9-89　已删除连接的查询

小勤：那如果要把查询删掉呢？

大海：删掉查询也比较简单，可以用 VBA 语句 "ThisWorkbook.Queries(" 表 1"). Delete" 来实现，如图 9-90 所示。

但要注意的是，如果单独执行删除查询，则查询没了，但连接还在（如果此前没有删除查询连接的话），如图 9-91 所示。

图 9-90 删除查询的 VBA 语句

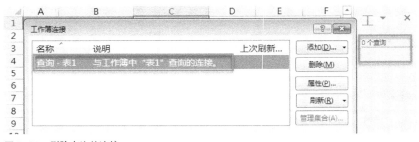

图 9-91 删除查询的连接

小勤：理解了，实际上就是连接是连接，查询是查询，它们是两个不同的东西（对象），可以按需要分开处理。如果需要将查询和查询连接都删除，那么需要对两个语句做一个简单的组合即可。

大海：对的。

小勤：那刷新查询（连接）呢？

大海：刷新查询（连接）的方法比较多：

① 选中数据，然后单击菜单栏里的"刷新"按钮。

② 右键单击查询，在弹出的菜单中选择"刷新"命令。

③ 在"连接"对话框中选中需要刷新的连接，然后单击"刷新"按钮。

其中，用 VBA 控制比较简单的是最后一种，即直接针对查询连接进行刷新，代码为"ThisWorkbook.Connections（"查询 – 表 1"）.Refresh"，如图 9-92 所示。

```
(通用)                                    刷新查询

Option Explicit

Sub 删除查询连接()
    ThisWorkbook.Connections("查询 - 表1").Delete
End Sub

Sub 删除查询()
    ThisWorkbook.Queries("表1").Delete
End Sub

Sub 刷新查询()
    ThisWorkbook.Connections("查询 - 表1").Refresh
End Sub
```

图 9-92　刷新查询的 VBA 语句

小勤：既然 VBA 能控制 Power Query 的刷新，也能控制 Power Pivot 的刷新吧?

大海：当然可以的。针对 Power Pivot 的刷新，其实就是针对数据模型的刷新，所以可以用语句 “ThisWorkbook.Model.Refresh” 来实现，如图 9-93 所示。

```
(通用)                                    刷新数据模型

Option Explicit

Sub 刷新数据模型()
    ThisWorkbook.Model.Refresh
End Sub
```

图 9-93　刷新数据模型的 VBA 语句

小勤：实际上，如果 Power Pivot 里这个数据模型的数据是从 Power Query 加载的，那么直接刷新数据模型，是不是也会驱动 Power Query 进行刷新?

大海：对的，所以实际上如果是 Power Query 和 Power Pivot 结合的报表，要通过 VBA 控制数据的刷新，只要在需要时刷新数据模型即可。

9.6　向 Power BI 进发：体会商业智能数据分析的实现过程

小勤：你说 Power BI 的核心是 Power Query 和 Power Pivot，那用个例子给我讲讲 Power BI 怎么用的呗。

大海：好吧，学完前面的知识，Power Query 和 Power Pivot 也算有一定的基础了，Power BI 也可以同步开始学了，毕竟除了某些操作和表现形式上和 Power BI 有一点区别外，

Power Query、Power Pivot 的知识都是能在 Power BI 里直接用的。

小勤：嗯。所以我想现在同步进行，边深入学习 Power Query 和 Power Pivot，边开始熟悉 Power BI 的操作和基本用法。

大海：那咱们先用一个简单的例子来体会一下用 Power BI 实现从数据接入到完成分析结果的过程，你自然就知道怎么用了。首先，你得安装 Power BI Desktop 软件（目前这个软件 64 位的官方下载链接为：https://powerbi.microsoft.com/zh-cn/desktop/，如果某一天该链接失效了，可以通过任意搜索引擎直接搜索，很容易找得到）。下载后安装，跟着指示一步步操作即可，非常简单，安装好后即可进入。

小勤：好像要注册才能使用？你看，我打开后的界面如图 9-94 所示。

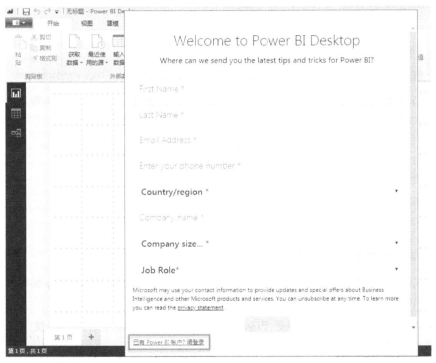

图 9-94　登录提示

大海：不需要注册都能用的。只是不注册的情况下，不能将分析结果发布到微软的云端与别人共享而已。你可以直接单击其中的"已有 Power BI 账户？请登录"按钮，在弹出的对话框中单击右上角的关闭按钮，如图 9-95 所示。

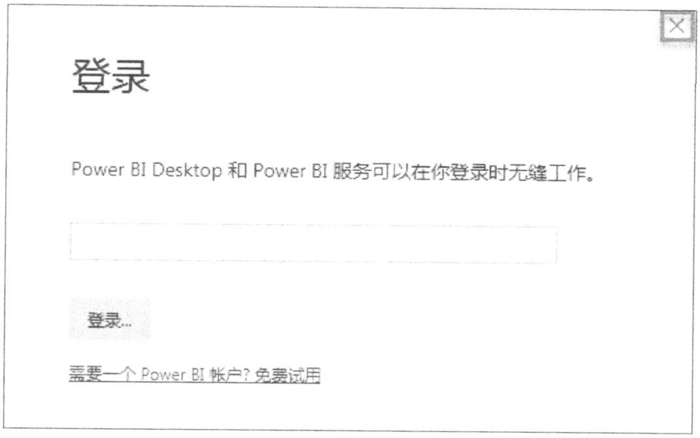

登录

Power BI Desktop 和 Power BI 服务可以在你登录时无缝工作。

登录...

需要一个 Power BI 帐户? 免费试用

图 9-95　可关闭的登录对话框

小勤：好吧。这个搞得好像还要强制别人注册一样。

大海：呵呵。接下来我们看具体怎么用。

Step 01 获取数据——即要针对什么数据进行分析，就先接进来。数据的来源可以各种各样，比如日常的 Excel 报表、业务系统的数据库、公开的网站数据等。这个例子咱们先用 Excel 表里的数据：在 Power BI Desktop 中，切换到"开始"选项卡，单击"获取数据"按钮，在弹出的下拉菜单中选择"Excel"命令，如图 9-96 所示。

图 9-96　获取数据

在弹出的对话框中，选择数据所在的 Excel 工作簿，单击"打开"按钮，如图 9-97 所示。

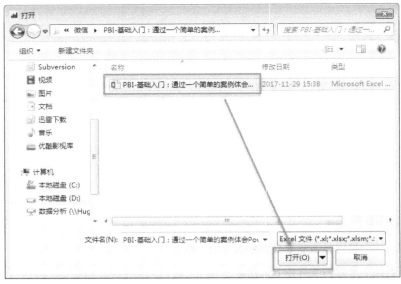

图 9-97　选择数据源

在弹出的"导航器"对话框中,选择需要参与分析的数据。这里以"订单"和"订单明细"两个表的数据做分析,单击"编辑"按钮,如图 9-98 所示。单击"编辑"按钮会进入数据的编辑(Power Query)界面。

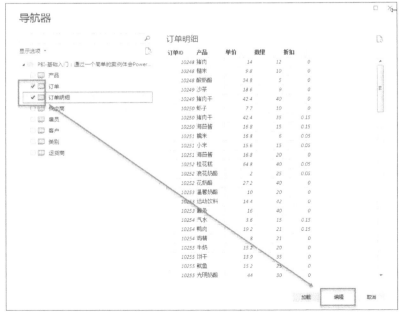

图 9-98　选择工作表

提示：如果数据本身很规范，不需要进行任何的整理，可以直接单击"加载"按钮，加载后仍然可以通过 Power BI Desktop 主界面的"编辑查询"功能进入数据编辑界面（部分版本可能需要针对不同的工作表分别创建查询）。

大海：你看，如图 9-99 所示的这些功能熟悉吧？

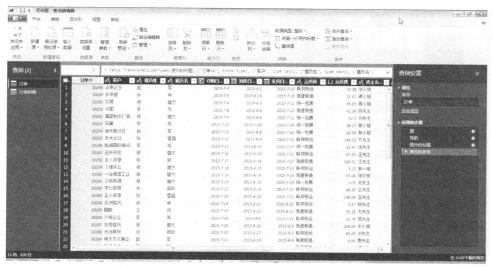

图 9-99　Power BI 里的查询编辑器

小勤：这不是和 Excel 里的 Power Query 一模一样的吗？虽然披了个黑乎乎的马甲，但还是那些功能啊。

大海：就是！其实 Power BI 里的数据整理过程就是使用 Power Query 的过程。现在数据接进来了，可以做数据的整理了。比如这里，雇员的姓和名是分开的，咱们把它合到一起。

Step 02 数据整理（清洗）：选择"雇员姓"和"雇员名"两列，切换到"转换"选项卡，单击"合并列"按钮，在弹出的对话框中直接输入新列名（如"雇员"，不需要分隔符），单击"确定"按钮，如图 9-100 所示。

数据整理好后就可以使用了。切换到"开始"选项卡，单击"关闭并应用"按钮，如图 9-101 所示。

提示：在 Excel 里用 Power Query 时，"关闭并应用"按钮对应的是"关闭并上载数据"按钮，实现的是把处理结果返回到 Excel 的工作表中。而在 Power BI 里，则"关闭并应用"按钮是直接把处理的结果添加到数据模型中。

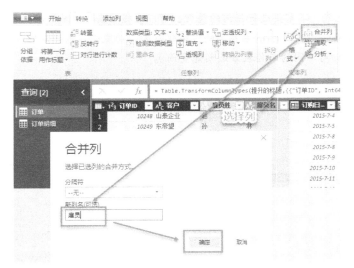

图 9-100 合并列操作

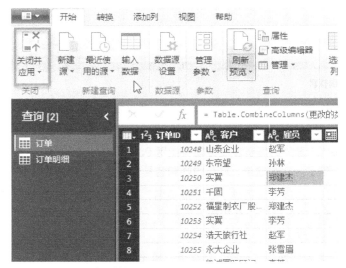

图 9-101 关闭并应用数据

小勤：这么简单？

大海：这不是只做个例子嘛……这个例子的数据比较规范，所以要做的处理不多，你回头翻翻那些用 Poewr Query 处理过的乱七八糟的数据看看。

小勤：嗯。好多数据需要逆透视、分组、清理无用文本、分离转换等。不过还好，学了 Power Query 就不怕了。

大海：对。所有的不规范的数据，首先考虑转换为规范的数据明细，这是进行后续数据分析的基础。数据整理好后，就可以进行数据建模了。

小勤：那是不是就是 Power Pivot 里的知识了？

大海：对的。其实就是 Power Pivot 里的内容，只是操作方法上可能有一点差别而已。

Step 03 构建表间关系：在 Power BI Desktop 中，单击左侧的"数据关系视图"按钮，切换到表间关系管理界面，将"订单明细"表中的"订单 ID"字段拖曳到"订单"表的"订单 ID"字段上，完成两表之间的关系构建，如图 9-102 所示。

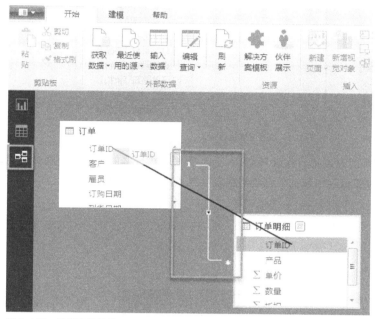

图 9-102　构建表间关系

Step 04 构建度量——订单明细表的数量之和：在 Power BI Desktop 中，单击右侧"字段"窗口中"订单明细"表右侧的"…"按钮，在弹出的菜单中选择"新建度量值"命令，如图 9-103 所示。这将在"订单明细"表里新建度量值。

跟在 Power Pivot 里一样，度量值可以建在任何一个表里，也都可以调用整个模型。甚至有的时候，因为度量值太多了，可以考虑建一张单独的空白表，专门放度量值，这根据实际需要或按照自己的喜好选择即可。

接着，在公式编辑栏中输入度量值名称及公式，如图 9-104 所示。

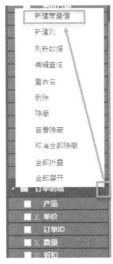
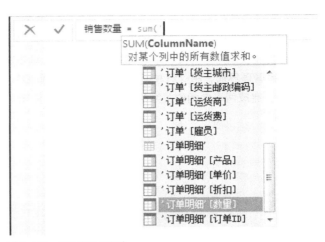

图 9-103　新建度量值　　　图 9-104　编辑度量值公式

构建度量的所使用的方法和函数跟 Power Pivot 里是一模一样的。整个公式输入完毕后按 Enter 键，建好的度量值就出现在"订单明细表"里了，如图 9-105 所示。

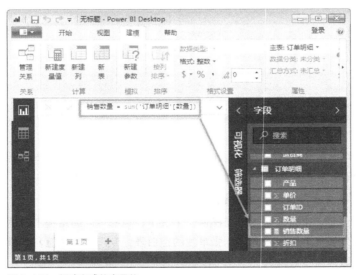

图 9-105　新建完成的度量值

大海：经过构建表间关系和设置度量值这两步，一个简单的数据模型就建好了。接下来就可以进行数据分析了。比如按货主地区查看销售数量的情况。

Step 05 单击右侧"可视化"窗口中的"柱形图"按钮，如图 9-106 所示。

在 Power BI Desktop 的主窗口中将出现一个很小的空白图形，可以用鼠标将其放大或

缩小（这些基本操作自己多动动鼠标尝试一下即可，跟其他 Office 软件的应用基本一致），
如图 9-107 所示。

图 9-106　添加可视化图表　　　　图 9-107　调整图表大小

接着，将"字段"窗口中"订单"表的"货主地区"字段拖曳到"可视化"窗口的"轴"
里，将"订单明细"表的"销售数量"度量值拖曳到"值"里，如图 9-108 所示。

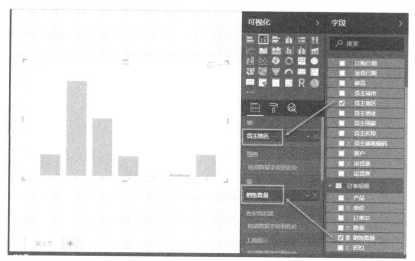

图 9-108　设置图表数据

小勤：嗯。大概理解了。感觉操作很简单啊。

大海：对的。这个例子很简单，主要是用于体会一下用 Power BI 做数据分析的全过程。

小勤：实际上，整个过程基本就分为四块——数据获取、数据处理、数据建模和数据分析，
如图 9-109 所示。对吧？

图 9-109　Power BI 数据分析过程

大海：对的。就是这么一个过程。

小勤：其中的获取和整理相当于用 Power Query 接入数据并进行各种各样的规范处理，建模相当于用 Power Pivot 构建表间关系和写度量值。

大海：总结得不错。最后的数据分析就是按需要构建各种各样的图表。

小勤：嗯。原来 Power Query 和 Power Pivot 的知识这么有用，将来真是"小白"都能进行商业智能数据分析了！

Power Query 和 Power Pivot实战